P. N. Sprengels
Handwerke
und
Künste
in Tabellen.

Mit Kupfern.

Bearbeitung der Edelsteine, des Bleyes, des Kupfers und des Meßings.

Vierte Sammlung.

Zweite verbesserte Auflage.

Berlin,
im Verlag der Königl. Realschul-Buchhandlung,
1790.

Sr. Excellenz

dem Hoch- und Wohlgebornen Herrn

Herrn

Ernst Friedemann

Freyherrn von Münchhausen

Königlich Preußischem wirklichem Geheimen

Etats- und Justitzminister, Chef des geistlichen

Departements, Domherrn zu Magdeburg,

Herrn auf Herrengosserstädt und

Bendleben 2c. 2c.

Hoch- und Wohlgeborner Freyherr,
Gnädiger Herr,
Hochgebietender Herr Geheimer
Etats- und Justitzminister,

Ew. Hochfreyherrlichen Excellenz erhabnen Namen einer Schrift vorzusetzen, die blos mechanische Beschäftigungen beschreibet, scheint zu viel gewagt zu seyn. Allein die ruhmwürdige Gesinnung Ew. Excellenz für das Wohl der Jugend und die gnädige Fürsorge für eine Anstalt, die sich Ew. Excellenz vorzüglicher Huld rühmen kann, wird diese Dreistigkeit entschuldigen. Die Welt preiset die weisen Veranstaltungen, die Ew. Excellenz zur Aufnahme der Erziehung und zum Besten derer die sich hiemit in den preußischen Staaten beschäftigen, getroffen haben. Würde es daher nicht unverantwortlich seyn, wenn diejenigen eine Ge-

legen-

legenheit versäumen wollten, Ew. Excellenz ihre tiefste Ehrfurcht zu bezeugen, die an dieser gnädigen Gesinnung einen besondern Antheil haben? Dies veranlassete den ersten Gedanken, Ew. Excellenz diese Blätter unterthänigst zu überreichen und die Erinnerung, daß Ew. Excellenz die beyden ersten Sammlungen dieser Schrift und ihren Zweck gnädigst billigten, bestärkte diesen Vorsatz.

Die herablassende Leutseligkeit Ew. Excellenz, die Dero erhabnen Charakter um so viel mehr verschönert, läßt mich hoffen, daß Ew. Excellenz

 die-

dieses geringe Opfer, vereinigt mit den inbrünstigsten Wünschen für Ew. Excellenz und Dero Hoch- freyherrlichen Hauses hohes Wohl- seyn, gnädigst aufnehmen werden. Ich schätze mich glücklich, daß ich es wa- gen darf, mich mit unverbrüchlichster Ehrfurcht so lange ich lebe zu nennen,

Hoch- und Wohlgeborner Freyherr,

Gnädiger Herr,

Ew. Excellenz

Berlin, den 16. Sept.
1769.

unterthänigsten Knecht
Otto Ludwig Hartwig.

Vorbericht.

Der vierte und fünfte Abschnitt dieser Sammlung beschreibt die Bearbeitung des Kupfers auf einem Hammerwerke und die Zubereitungen des Meßings, Beschäftigungen, die man in den Ringmauern einer grossen Stadt vergebens sucht. Es hält nicht schwer, diesen Mangel aus Schriften zu ersetzen, allein bey so weitläuftigen Werken ist es, aus verschiedenen Ursachen, vorzüglich nöthig, sie selbst in Augenschein zu nehmen, ehe man eine Beschreibung wagt. Jedes Hammerwerk hat seine Abänderungen, die nicht selten durch seine Lage und durch andre Umstände veranlasset werden. Muß daher eine Beschreibung, die blos aus Büchern zusammengelesen ist, nicht vieles enthalten, das nur unter gewissen Umständen brauchbar ist? Man hat daher zwar bey den gedachten Abschnitten Schriften dieser Art genutzet und vorzüglich die vollständige und genaue Beschreibung des Kupfer- und Meßinghammers in dem fünften Theil des Schauplatzes der Künste und Handwerke, aber nur in sofern sie bey eigner Erfahrung ein näheres Licht von manchen Dingen gaben. Es bot sich aber eine bequeme Gelegenheit dar, die Hammerwerke bey Neustadt Eberswalde in der

Mittelmark in Augenschein zu nehmen und diese hat man bey der Beschreibung beständig vor Augen gehabt. Die gedachten Hammerwerke gehören sämtlich zu dem königlichen Amte Biesenthal und sind hinter einander dergestalt angelegt, daß sie alle von dem kleinen Flusse Fühne können getrieben werden. Der Kupferhammer ist nur eine halbe Viertelmeile von Neustadt Eberswalde entfernt. Neben diesem liegt, in gleicher Entfernung von einander, ein Eisenhammer, eine Pappiermühle, das Dorf Hegermühle und kurz hinter diesem das Messingswerk. Das letzte gleicht einem grossen Dorfe, die übrigen bestehen aber nur aus wenigen Häusern.

Vorbericht.

Es würde in der That eine grosse Undankbarkeit seyn, wenn diese Blätter die Gütigkeit des hiesigen Banquier Herrn Schickler, jetzigen Oberpächters dieser Werke, mit Stillschweigen übergingen. Mit einer seltenen Bereitwilligkeit erlaubte Herr Schickler dem Verfasser, diese Werke in Augenschein zu nehmen und seine schätzbare Gefälligkeit hatte auf allen Hammerwerken Veranstaltungen getroffen, wodurch diese Absicht konnte erleichtert werden. Wenn Gelehrte Schriften befördern, die dem Unterricht der Jugend gewidmet sind, so können sie mit Recht einen Anspruch auf eine öffentliche Danksagung machen, noch mehr aber diejenigen, deren erste Pflicht es nicht ist, die Kenntniß der Künste und Wissensenschaften auszubreiten. Eben diese Ursache macht es nothwendig, der Freundschaft zu gedenken, welche die Aufseher dieser Werke bey dieser Gelegenheit dem Verfasser erwiesen haben, und vorzüglich der Gütigkeit desjenigen unter ihnen, der sich die Mühe genommen hat, die Beschreibung des Messingswerks vor dem Drucke mit aller Sorgfalt durchzusehen und zu berichtigen.

Die vorige Sammlung führt schon die Ursachen an, warum man die Edelsteinschneider mitten unter die Metallarbeiter gestellet hat und es wird beym Unterricht gut seyn, die Beschreibung dieser Kostbarkeiten der Kunst des Juvelirers voraus zu schicken. Die Nachrichten zu dem zweyten Abschnitt hat man der Gütigkeit des Besitzers der

Bleyfabrik, Herrn Büring zu verdanken, dem hiemit gleichfals der schuldige Dank abgestattet wird. Aus gewissen Ursachen ließ sich aber das Streckwerk dieser Fabrik nicht so genau zeichnen und beschreiben, als man gewünscht hätte. Die Dienstfertigkeit der Künstler und Handwerker, in deren Werkstätten die Nachrichten zu diesem Theile gesammlet sind, lässet hoffen, daß man in der Folge immer mehr Gelegenheit finden wird, die Bereitwilligkeit der Profeßionisten zu rühmen. Berlin, den 3ten Sept. 1769.

Inhalt.

IV. Der

Erster

Erster Abschnitt.

Die Künstler, welche die Edelsteine schneiden.

Inhalt.

Mit der Bearbeitung der Edelsteine beschäftigen sich vier verschiedene Künstler. 1) Der **Diamantschleiffer** reibt zwey rohe Diamanten mit einander und schneidet hiedurch die Anlage zu den kleinen Flächen oder Facetten, die er diesem harten Steine geben will. Den Diamantstaub, der hiebey abgeht, streicht er, mit Baumöl vermischt, auf die eiserne Scheibe seiner Maschine und schleifft den Diamant zu Brillanten, Rosetten, Tafel- und Dicksteinen. 2) Der **Steinschneider** bildet die übrigen Edelsteine nach den nur gedachten Figuren. Seine Schleiffmühle gleicht ziemlich der

Maschine des Diamantschleiffers und er bestreicht die Scheibe, nach der Härte der Steine, mit Diamantstaub oder mit Schmirgel. Auf eben der Maschine polirt er auch die Steine mit Tripel. 3) Der **Wapenschneider** und alle übrigen Künstler, die auf der Fläche eines Edelsteins Figuren ausgraben, schmieren gleichfals Diamantstaub an die Scheiben oder Räder einer kleinen Drehbank und der Diamantstaub an den Scheiben reibt vertiefte Figuren in die Steine. 4) Der letzte Künstler dieser Art ist der **Tafelschneider.** Er schneidet aus den Halbedelsteinen Tafeln, höhlt sie zu Gefässen aus und bildet auf den Steinen erhabene Figuren. Seine Maschine kömmt völlig mit der Maschine des Wapenschneiders überein, sie muß aber, nach der Absicht seiner Arbeit, grösser seyn. Der Verwandschaft wegen, werde die Arbeiten aller dieser Künstler in diesem Abschnitt nach der Reihe erzehlen.

> **Anm.** Diese Künstler nennen sich alle Steinschneider, den Wapenschneider ausgenommen, demohnerachtet sind ihre Künste verschieden.

I. Der Diamantschneider.

A. Der Diamantschneider, (**Brillantier**) hat weiter keine **Materialien** nöthig als den **Diamant,** den edelsten unter allen Steinen. Dieser durchsichtige Edelstein hat mit Recht den Vorzug vor den übrigen, denn er übertrift an Härte alle übrigen Steine und seine geschlif geschliffene Facetten werfen die mehresten Licht-strahlen blendend zurück. Roh hat er eine Rinde, die eben so matt aussieht, wie bey den Kieselsteinen. Die Farbe dieser Hülse stimmt aber nicht jederzeit mit dem Innern überein. Einige Diamanten haben nach dem Schleiffen eine braune Farbe und dies sind die weichesten und schlechtesten. Nach diesen folgt der gelbe Diamant, der nur alsdenn geschätzt wird, wenn der Juvelirer so viel Stücke zusammen-bringen kann, als zur Karmosirung einer Kost-barkeit erforderlich sind. Am seltensten ist der rothe und vorzüglich der grüne Diamant, und diese Seltenheit erhöhet auch ihren Preis. Der weisse Diamant, der an Farbe dem rei-nen Wasser ähnlich ist, übertrift alle vorigen an Härte und Feuer, und man schätzt ihn am höchsten, ohnerachtet er der gewöhnlichste ist. Die Natur bringt die Diamanten achteckigt und auch in unförmlichen Gestalten hervor. Die achteckigten nennt der Künstler **Pint**, und die unförmlichen **Käsesteine**. Bey einer flüchtigen Kenntniß dieser Kunst wird man schon einsehen, daß sich die erstern am leichte-sten bearbeiten lassen, weil sie schon die grobe Gestalt eines Dicksteins haben. Die Flächen der Käsesteine, die sich nicht von Natur zu Facetten schicken, nennt der Künstler **Sacht**, die brauchbaren aber **Hart**. Das eigentliche Vaterland dieses Steines ist Ostindien, denn die böhmischen und ungarischen sind merklich weicher und schlechter als jene, und werden daher auch unächte Diamanten genannt. Der ächte Diamant widerstehet der Feile, dem Feuer und allen übrigen Auflösungsmitteln und dies ist zugleich das sicherste Zeichen seiner Güte. Blos sein eigener Staub kann seine Figur verändern. In den Gegenden, wo viele rohe Diamanten geschnitten werden, glüet man den Stein und wirft ihn ins kalte Wasser, wenn zu besorgen ist, der Stein habe Risse. In diesem Fall zerspringt er im Wasser. Die deutschen Diamantschneider finden selten Gelegenheit, auf diese Art die Güte eines rohen Steines zu prüfen, weil sie die mehresten Steine schon geschnitten aus Holland erhalten und ihnen nur eine veränderte Figur geben.

Anm. Aus eben dieser Ursache ist in unserer Gegend die Kenntniß von dem Preise der rohen Diamanten unerheblich, zumal da es zur Handlung in Seestädten gehört. Die geschnittenen Diamanten werden aus der Hand verkauft und ihre Grösse, ihr reines Ansehen und der Mangel oder Ueberfluß des Geldes bestimmt ihren Preis. Ich würde daher unnöthig weitläuftig werden, wenn ich die Amsterdammer und Hamburger Taxe der Edelsteine erzehlen wolte. Verkauft man ja kleine Stücke nach dem Gewichte, so bedient man sich hiebey eines besondern Karathgewichts, wobey 1 Karath 4 Gran schwer ist, 1 Gran aber beynahe 1 Aß des Dukatengewichts. Eben dies gilt von allen übrigen Edelsteinen und es würde daher unnöthig seyn, sich bey ihrem Preise aufzuhalten.

B. Die

B. Die **Maschinen** und **Werkzeuge** des Diamantschleiffers sind:

a) Ein kleiner hölzener Kasten, die **Schneidebüchse**, Fig. I., in welcher oben ein Einsatz von Meßingblech 1. eingeschoben wird, der sich genau in den Kasten paßet. Der Einsatz füllt nur die Hälfte des Kastens aus, denn die Absicht dieser Schneidebüchse ist, den Diamantstaub zu samlen, der sich beym Beschneiden der Steine abreibet. Daher sind in dem Boden des Einsatzes kleine Löcher, gleich einem feinen Siebe, durch welche der Diamantstaub, den der Künstler **Diamantboord** nennt, in den Raum des Kastens unter dem Einsatz fällt. Auf jeder langen Seite des Kastens steht ein meßingenes Stift 2., woran der Künstler beym Beschneiden des Diamants die Kittstöcke 3. lehnt, worauf er den Diamant aufgekittet hat. Die hölzernen Kittstöcke gleichen einem abgekürzten Kegel, und der Stein wird in einen Kitt von Ziegelmehl und weissen Pech auf der kleinsten Grundfläche der Kittstöcke eingesetzt.

b) Aus der II. Fig. wird sich der Leser mit Beyhülfe der Beschreibung einen richtigen Begriff von der **Schleiffmühle** oder Schleiffmaschine dieses Künstlers machen können. Das Gestell 1. ist aus starken Latten zusammengesezt, und die senkrechten Hölzer sind an dem Boden und an der Decke der Werkstätte

 befestigt,

befestigt, damit die Maschine bey der Bewegung gehörig Widerstand thut. Die Höhe richtet sich nach der Stube, die Länge beträgt $4\frac{1}{2}$ Fuß, und die Breite 2 Fuß. Etwa $2\frac{1}{2}$ Fuß über der Erde liegt auf den horizontalen Latten ein Boden von starken Brettern 2. Er ist an drey Seiten mit Brettern 3. umgeben, damit sich der Diamant nicht verliert, wenn er beym Schleiffen aus dem Kitt, womit man ihn fest hält, ausspringt. Blos die lange Seite 4. hat keinen Verschlag, wo der Künstler vor der Maschine sitzt. In dem Boden sind ein oder auch zwey cirkelrunde Ausschnitte, worin die Schleifscheibe 5. dergestalt steht, daß sie etwas über dem Boden hervorragt. Die Scheibe hat 1 Fuß im Durchmesser und ist von gegossenem Eisen oder Stahl. Ihre Dicke beträgt $\frac{3}{4}$ Zoll, und sie liegt auf einem runden Holze. Fig. III. stellt die Scheibe besonders vor und 6. bezeichnet das gedachte Holz. Der Künstler erhält sie aus Holland für 30 Holländische Gulden, denn die hiesigen Eisenarbeiter können sie noch nicht verfertigen, ohnstreitig weil sie sehr genau muß abgedrehet werden. Durch den Mittelpunct der Scheibe geht eine eiserne Spille Fig. III. 7. und auf dieser sitzt unter der Scheibe ein hölzerner Cylinder 8. mit vier Reifen, um welche eine Schnur nach Beschaffenheit der Umstände gelegt wird. Die eiserne Spin-

del

del ist unten und oben spitzig und läuft zwischen zwey senkrechten Hölzern Fig. II. 9. die in den Latten beweglich eingefalzt sind. Durch diese Hölzer kann man die Scheibe höher oder niedriger stellen, und daher steckt neben jedem Holz in der Latte ein Keil 10. den man abnehmen, die beyden senkrechten Hölzer und zugleich die Scheibe verschieben und hernach die erstern wieder durch die Keile befestigen kann. Ich kehre wieder zu dem Cylinder an der Scheibe 8. zurück. Um diesem liegt eine Schnur 11. und vermittelst dieser wird die Scheibe durch ein grosses horizontales Rad 12. bewegt. Aus der IV. Fig. die diesen Theil der Maschine besonders vorstellet, wird man sich hievon einen deutlichen Begriff machen können. Das Rad hat 6 Fuß im Durchschnitt und läuft zwischen zwey Latten 13. Die Welle dieses Rades hat unten einen krummen Zapfen Fig. IV. 14. worauf ein hölzerner Arm 15. beweglich steckt, der in 16. mit einem andern hölzernen Arm zusammengefügt ist. Der letzte ist in eine hölzerne Welle 17. an der Wand der Werkstätte eingezapft und vermittelst dieses Ziehaarms bewegt eine besondre Person das grosse Rad 12. und zugleich die Scheibe 5. Der Arbeiter fasset hiebey an die Nägel Fig. IV. 18. auf dem Ziehaarm.

c) Der Künstler kittet beym Schleifen den Stein Fig. VI. in die **Doppe**, eine kupferne

Büchse 2. an einen Drath 3. ein. Er muß hiezu einen Kitt von Bley und Zinn in gleichen Theilen wählen, sonst reißt die Scheibe bey dem Herumdrehen den Stein aus der Doppe; der jüdische Künstler benennt diesen Kitt mit einem ziemlich undeutschen Worte, **Soldir.** Beym Einkitten des Steins hält

d) Der **Verstellblock** Fig. VI. die Doppe. Dies Holz ist einem Kelch ähnlich 7. In seiner Axe ist oben ein Loch 1. gebohrt, worin das Drath der Doppe gesetzt wird.

e) Die **Zange** Fig. VII. hat vorne zwey Kneipen 1. wie eine gewöhnliche Zange, und diese halten beym Schleiffen die Doppe Fig. V. Daher ist an jeder Kneipe inwendig ein Einschnitt gemacht, worin der Drath der Doppe liegt. Mit einer Schraube 2. zieht man die Kneipen vermittelst eines Schlüssels Fig. VIII. zusammen. Hinten ist an der Zange ein langer Drath oder Angel, das durch ein Holz Fig. VII. 3. geht, doch so, daß das Drath noch um einige Zoll aus dem Holze hervorragt 4. Das Holz ruht auf zwey kleinen Füssen 5., damit dieser hintere Theil der Zange mit dem vordern, worin die Doppe mit dem Stein festgeschroben ist, gleich hoch stehe. Beym Schleiffen stellt der Künstler insgemein zwey Zangen neben die Scheibe der grossen Maschine Fig. II. 19. 20. und drey Stifte 21. verhindern die Zange, daß sie bey

dem

dem Umdrehen der Scheibe sich weder hinten noch vorne verschieben kann.

C. Der Diamantschneider giebt dem Diamant blos das blendende Ansehen, das die Augen der Menschen auf sich ziehet. Dies allein ist seine **Waare**, die er in einer Schachtel aufbehält, ohnerachtet sie am Werth ein Waarenlager übertreffen kann. Die Handgriffe lassen sich nicht gut begreiflich machen, wenn nicht vorher

a) Die Figuren beschrieben werden, die der Diamantschneider diesem Edelstein durch das Schleiffen giebt.

A. Der **Brillant** wird am höchsten geschätzt und daher auch am theuersten verkauft. Man kann sich diese künstliche Gestalt des Diamants als zwey abgekürzte Kegel vorstellen, die an ihrer Grundfläche zusammengesetzt sind. Denjenigen Theil, der nach der Fassung sichtbar ist, nennt man **Pavillon**, den untern aber **Culaße** und der Künstler macht den letztern insgemein etwas stärker. Jedem Theil giebt das Schleiffen kleine dreyeckigte Flächen oder Facetten, die auf dem Stein in drey Reihen übereinander liegen. Ein vollständiger Brillant erhält überhaupt zwey und dreyßig solcher Facetten, und also jeder Theil sechzehn. Die unterste und oberste

Spitze kürzt der Künstler ab und er nennt die untere Fläche, die hiedurch entsteht, eine **Calette**, die obere aber eine **Tafel**.

B. Der **Rosenstein** oder die Rosette hat schon einen geringern Werth. Sie gleicht völlig einem halben Brillant, ausser daß sie spitzig zusammen läuft. Oben bekommt sie 16 Facetten und unten ist sie platt.

C. Dem **Tafelstein** giebt man nur den dritten Rang. Ein solcher Stein ist insgemein viereckigt und hat oben und unten zwey grosse Flächen oder Tafeln. Der Künstler schleift die Kanten der obersten Tafel ab, damit der Juvelirer den Stein fassen kann und hiedurch entstehen vier Facetten. Die unterste grosse Fläche heißt abermals eine Calette, die oberste aber die Tafel.

D. Die **Dicksteine** werden nur selten gesucht. Sie sind dem Brillant völlig ähnlich, sie erhalten aber nur überhaupt acht Facetten und gleichen also den besten rohen Diamanten.

b) Die **Handgriffe** bey allen diesen Arten sind wenig von einander unterschieden und eine dreyfache Beschäftigung dieses Künstlers giebt ihnen allen ihre Figur.

A. Die

A. Die erste ist das **Spalten** des Diamants. Es findet aber nur in dem Falle statt, wenn ein grosser Diamant Flecke hat und man ihn in fehlerfreye kleine Theile zerlegen will. Im voraus ist hiebey zu bemerken, daß der Diamant, so wie die Feuersteine, Adern hat und daß er daher auch, wie diese, kann gespalten werden. Der Künstler lernt durch eine lange Erfahrung diese Adern kennen, und er bedient sich dieser Eigenschaft des Steins, den Diamant zu reinigen. Er macht mit einem Diamant einen Riß auf der Ader des Steins, setzt ein Messer auf den Riß, und schlägt behutsam darauf. Der Diamant zerfällt nach der Ader in zwey Theile. Dies kann er nach Beschaffenheit der Umstände fortsetzen, bis sich das Fehlerhafte abgesondert hat. Bey rohen Steinen lassen sich die Adern weit leichter entdecken, als bey solchen, die schon beschnitten oder geschliffen sind, und daher spalten die hiesigen Künstler selten einen Diamant. Läßt sich ein Diamant nicht gut spalten, oder entstehen hierdurch unebene Flächen, so nennt ihn der Künstler einen **finnigen** Stein.

B. Ein jeder Diamant wird vor dem Schleiffen beschnitten, und das **Schneiden** giebt ihm die unförmliche Gestalt, die er durch das Schleiffen erhalten soll. Es würde

viel

viel Zeit erfordern, den Stein blos auf der Scheibe mit etwas Diamantboord zu bilden. Weit schneller reiben sich zwey Diamanten mit einander ab, und dies ist es, was die Künstler das Schneiden des Diamants nennen. Nach der natürlichen Gestalt und nach den Adern muß der Diamantschneider bestimmen, ob sich ein Stein zu einem Brillant, Rosenstein oder Tafelstein schickt. Einen Stein zu einem Brillant verwandelt er durch das Schneiden in einen Dickstein, zu einer Rosette in einen halben Dickstein, dem Stein aber, woraus ein Tafelstein entstehen soll, giebt das Schneiden schon seine bestimmten Flächen. Er kittet den Stein, den er beschneiden will, auf einen Kittstock, Fig. I. 3. mit weissen Pech und Ziegelmehl und lehnet den Kittstock an ein Stift 2. daß der Stein über der Schneidebüchse schwebt. Hierauf nimmt er einen andern Stein an einem Kittstock, lehnt ihn an das zweyte Stift und reibt hiemit den ersten Stein. Der Diamant, der beschnitten wird, heißt in der Sprache des Künstlers **flach**, der aber, welcher beschneidet, **scharf**. Der Künstler muß oft einen Diamant mit vier bis sechs andern Diamanten beschneiden, ehe er ihn gehörig abgerieben hat. Allein er hat hiebey den Vortheil, daß sich der scharfe Diamant

Diamant schon in etwas bildet, denn er lenkt ihn beym Beschneiden so, daß schon die Anlage seiner Flächen oder Facetten entsteht. Er muß aber hiebey gleichfalls sein Augenmerk auf die Adern beyder Steine richten; vernachläßigt er dies, so läßt sich der Stein nicht nur schwer schneiden, sondern der Diamant reißt auch beym Schleiffen in die Scheibe 2. Löcher. Auf eben die Art wird die Scheibe beschädigt, wenn man an dem Drath Fig. II. 4. die Zange aufhebt und wieder auf die Scheibe fallen läßt. Man sieht ohne mein Erinnern, daß der Künstler den Kitt am Feuer warm machen und den Stein auf dem Kittstock umdrehen muß, wenn er ihn an allen Seiten beschneiden will. Der Diamantboord, der sich von den Steinen abreibt, fällt durch das Sieb des Einsatzes auf den Boden der Schneidebüchse Fig. I. und hiemit

C. **schleifft** der Diamantschneider den Diamant auf der Scheibe der Schleiffmaschine Fig. II. Er glüet die Doppe Fig. V. in einem Kolenfeuer, gießt das Soldir, oder das Bley und Zinn in die Büchse dieser Doppe 2. und stellt sie in den Verstellblock Fig. VI. Sobald das Metall schon um so viel erkaltet ist, daß er es unbeschädigt mit den Fingern drücken kann, so setzt er den Stein ein und richtet ihn. Ich nehme an, daß ein **Brillant** soll geschliffen werden, denn die Abweichungen bey den übrigen drey Arten lassen sich alsdenn in wenig Worten beschreiben. Man legt hierauf das Stift der Doppe zwischen die Kneipen der Zange Fig. VII. 1. und schraubt sie in dem oben gedachten Einschnitt zwischen beyden Kneipen fest. Die Scheibe wird mit Diamantboord beschmiert, der beym Schneiden abgefallen und den man mit Baumöl oder mit jedem andern Oel vermischt, und die Doppe wird neben die Scheibe gestellt, daß der Stein auf der Scheibe liegt. Der Künstler hat den Stein schon so in dem Soldir gestellt, daß zuerst ein Punkt des Steins in untersten größten Kreisen einer Hälfte aufliegt. Die Zange wird von den drey Stiften Fig. II. 21. festgehalten und oben mit Bley beschwert 22., damit sich der Stein desto genauer an die Scheibe anschließt. Ein Tagelöhner bewegt das grosse Rad 12. an dem Zieharm und der Künstler sitzt vor der Maschine, besieht zum öftern den Punkt des Steins, der sich auf der Scheibe reibt und schmiert, wenn es nöthig ist, von neuen Diamantboord auf die Scheibe. Ist eine Facette zur Vollkommenheit gediehen und es soll eine neue entstehen, so schraubt er nur die Kneipen der Zange auf und drehet die Doppe etwas

um.

um. Allein bey einer neuen Reihe von Facetten über der vorigen muß er den Soldir über einem Kolenfeuer warm machen und den Stein von neuen richten. In beyden Fällen sagt der Künstler, er habe den **Lauf** (**Cours**) verändert. Er muß hiebey genau auf die Adern des Steins sehen, wenn seine Scheibe nicht soll beschädigt werden, und hierauf beruht ohnstreitig die größte Kunst des Diamantschneiders, zumahl da er alles dies blos nach dem Augenmaaß verrichtet. Die Tafel in die Calette wird blos aus freyer Hand geschliffen. Auf diese Art schleifft der Künstler gleichfalls die andre Hälfte des Edelsteins, wenn er ihn vorher in der Doppe umgesetzt hat. Die Scheibe giebt beym Schleiffen dem Diamant zugleich auch einen Glanz. Nur alsdenn, wenn der Diamant Ritzen durch das Schleiffen bekommt, reibt man ihn nach dem halben Durchmesser der Scheibe aus freyer Hand etwas hin und her und hierdurch verliert sich dieser Fehler. Die Facetten der Rosensteine werden wie bey dem Brillant geschliffen und die untere platte Fläche aus freyer Hand. Dies letztere gilt auch von den grossen Flächen der Tafelsteine, denn blos bey den Abschleifen der Ecken wird der Stein mit einer Doppe in der Zange befestigt. Die acht Facetten der

Dick-

Dicksteine schleifft die Scheibe nur etwas nach den Beschneiden ab, daß sie einen Glanz erhalten. Das Schleiffen der Ohrengehänge (Pendeloquen) stimmt völlig mit dem Schleiffen des Brillants überein. Es bleibt hiebey nur noch dies zu bemerken übrig, daß sich der Stein beym Schleiffen erst in einem Cirkel auf der Scheibe reibt, der nicht weit von dem Mittelpunkt entfernt ist. Nach und nach zieht der Künstler die Zange zurück, daß der Stein auf jeden Punkt des halben Durchmessers zu liegen kommt, und sich endlich kurz hinter dem Umkreise abreibt. Der Diamant gewinnt hiebey nichts, sondern der Künstler sucht nur hiedurch seine Scheibe zu schonen, die sich bald in einem Kreise auslaufen würde, wenn man aufs Gerathewohl den Stein auf die Scheibe legte. Es entstehen aber doch einige Reifen auf der Scheibe und daher reibt der Künstler die Scheibe mit einem feinen Sandsteine ab, den er sich, ich weiß nicht warum? aus Holland kommen läßt, wenn sich der Stein in allen Kreisen der Scheibe abgeschliffen hat. Die Scheibe bewegt sich hiebey langsam und der Künstler fährt mit dem Schleiffstein nach dem halben Durchmesser der Scheibe hin und her. Allein auch dies nimt noch nicht alles Unebene der Scheibe ab und daher muß sie nach

einiger

einiger Zeit abgedrehet werden. Dies verstehen die hiesigen Eisenarbeiter gleichfalls nicht.

Anm. Nicht die Steinschneider; sondern die Juvelirer setzen die Doubletten zusammen. Nur der obere Theil dieser Brillanten ist ein Diamant, der untere aber ein Kristal oder ein anderer schlechter uud ungefärbter Stein. Beyde kittet der Juvelier mit Mastix zusammen.

D. Der hiesige Diamantschneider Herr Moses Tobias, ein Jude, der anjetzt in Berlin der einzige in seiner Art ist, hat seine Kunst in England innerhalb 6 Jahren erlernt. Er muste sich selbst beköstigen und noch ein Lehrgeld erlegen.

II. Der Steinschneider.

A. Alle Edelsteine, den Diamant ausgenommen, sind blos die **Materialien** dieses Künstlers, ausser Diamantboord und etwas Schmirgel zum Schleiffen der Edelsteine, Tripel zum Poliren, und einem Kitt von weissen Pech und Ziegelmehl. Die Vollständigkeit verlangt zwar, diese Edelsteine nicht völlig zu übergehen, allein aus guten Gründen werde mich hiebey der Kürze befleißigen. Man theilet diese Steine in Edelsteine und Halbedelsteine ein, und dieser Unterschied gründet sich auf ihre Güte und Seltenheit.

a) **Die Edelsteine.**

A) Einige Edelsteine lassen sich blos mit Diamantboord schleiffen, und die Feile nimmt von den mehresten nichts ab.

a) Unter diesen giebt der Künstler den **Saphir** in Absicht der Härte den Vorzug. Er ist durchsichtig und hat eine mittelblaue Farbe, die dunkelsten werden aber am höchsten geschätzt. Bey einigen scheint etwas weißes hervor. Sie verlieren zwar im Feuer ihre Farbe, allein der Stein selbst bleibt unbeschädigt. Die orientalische Saphire kommen vorzüglich aus Peru und Ceylon zu uns, die occidentalischen, die aber, wie bey allen übrigen Edelsteinen, weicher und schlechter sind, findet man in Böhmen, Sachsen, Schlesien und Frankreich, und die französischen sind grünlich blau. Die Rinde des rohen Saphirs ist, wie bey allen Edelsteinen, einem angelaufenen Glase ähnlich.

b) Der **Rubin** komt an Härte dem Saphir am nächsten und steht in einem höhern Werth, als dieser. Er ist gleichfals durchsichtig und erhält nach den Abänderungen seiner rothen Farbe verschiedene Namen. Der **Spinell** ist röthlich weiß. Der **Ballas** hat eine bleichrothe oder Incarnatfarbe. Der **Rubicell** oder

Rubin-

Rubinpaille ist rothgelb. Der Dunkelrothe oder Blutfarbige heißt schlechthin **Rubin** und hat den höchsten Werth. Die orientalischen findet man in Ostindien, die occidentalischen aber in Ungarn, Böhmen, Schlesien und Sachsen. Der Rubin behält im Feuer seine Farbe, den Rubicell ausgenommen.

c) **Den Topas** halten einige Naturforscher für einen gelben Diamant, allein dieser ist härter. Er ist durchsichtig und hat eine hellgelbe oder auch dunkelgelbe Farbe. Der orientalische kömmt aus Ost- und Westindien, der occidentalische aber aus Böhmen, Ungarn, Schlesien und Sachsen, und der Sächsische giebt an Härte dem orientalischen wenig nach. Die Künstler theilen die occidentalischen in Schnecken- und Zackentopasen ein. Die ersten werden in kleinen Stücken aus ihrer Mutter herausgebrochen, und man findet die besten beym Carlsbade. Die Zackentopasen sitzen sichtbar an ihrer Mutter und die prismatischen Stücke sind einige Zolle lang. Der Rauchtopas ist schwarzgelblich. Man hält ihn blos für einen Cristall und er wird zu Gefässen angewendet, weil man ihn in grossen Stücken findet. Die Farbe dieses Edelsteins wird im Feuer nicht verändert, den brasilianischen ausgenommen, der durch das Glüen eine rothe Farbe erhält und oft statt eines Rubins verkauft wird.

d) Der **Schmaragd** hat eine graßgrüne Farbe, die aber doch etwas ins gelbliche und hellgrüne fällt. Die reinen Schmaragden sind durchsichtig, doch haben einige das Ansehen, als wenn man ihnen eine Unterlage gegeben hätte. Sie verlieren zwar im Feuer ihre Farbe, allein sie findet sich nach dem Erkalten wieder, aber doch etwas blasser. Das Vaterland der orientalischen ist Ostindien und Brasilien, der occidentalischen aber Spanien, Sachsen, Böhmen.

e) Der **Berill** oder **Aquamarin**, ein durchsichtiger Stein, der im Feuer schmelzt und seine Farbe verliert, ist blauweiß und meergrün. Die blassen kommen oft dem Diamanten an Feuer bey. In den Gegenden um den Euphrat und in Ostindien findet man den orientalischen, in der Schweiz, Böhmen und Sachsen den occidentalischen.

f) Die Farbe des orientalischen **Chrysoliths**, eines durchsichtigen Steins, hält das Mittel zwischen gelb und grün. Bey einigen fällt die gelbe Farbe am stärksten in die Augen und diese nennt man **Chrysopras**. Das Feuer schadet zwar dem Steine nicht, allein es entzieht ihm doch seine Farbe.

be. Er kommt aus dem Orient und aus America, desgleichen aus Böhmen und Sachsen.

B) Andere Edelsteine werden blos mit Schmirgel und Wasser geschnitten und hiezu gehören:

a) Der **Granat**. Bey diesem Stein ist dies vorzüglich zu bemerken, daß der occidentalische härter und schätzbarer ist, als der orientalische und auch schwerer im Feuer flüssig wird. Gewöhnlich ist er blutroth, doch soll auch diese Farbe zuweilen ins gelbliche und violette fallen, allein die hiesigen Künstler besassen keine von dieser Art. Er ist nur wenig durchsichtig, daher der Künstler diesem Stein, und nicht dem Rubin, eine rund ausgehöhlte Calette giebt. Man nennt ihn alsdenn einen **geschlägelten** Granat. Hiedurch soll der Stein durchsichtiger werden und daher wäre das Schlägeln bey dem Rubin etwas überflüßiges. Der Steinschneider versteht aber nicht die Kunst, ihn auszuhöhlen, sondern es geschieht von dem Tafelschneider mit einer runden Spille. Sie kommen aus dem Orient, Ungern und Böhmen zu uns und die letzten sind die besten.

b) Der **Hyacinth** ist noch etwas dunkler als orangegelb, einige sind aber auch blasgelb. Die erstern schätzt man am höch-

 sten.

sten. Unbearbeitet sieht er wie Gummi arabicum aus und zerfliesset in einem starken Feuer. Man findet ihn nur in Ostindien, Böhmen und Schlesien.

c) Der halbdurchsichtige **Amethyst** hat eine violette Farbe, die sich aber an seiner Mutter ins weißliche verliert. Er wird in grossen Stücken gefunden, wovon der Künstler das Beste abschlägt und oft in Stockknöpfe und andere Geschirre verwandelt. Dies letztere ist eine Beschäftigung der Tafelschneider. Er wird aus Ost- und Westindien, Böhmen, Ungern und Frankreich zu uns gebracht und in unsern Tagen hat man ihn auch in Schlesien entdeckt. Die französischen und schlesischen Amethysten hält man unter den occidentalischen für die besten.

d) Des **Chrysopras** habe schon oben gedacht. Einige Naturforscher halten diesen Stein für einen grünlichen Topas. Er verliert im Feuer seine Farbe, ohnerachtet er dem Topas ziemlich an Härte beykommt.

b) Die Steinschneider bearbeiten auch Steine von einer geringern Art, die aber beym Schleiffen eine feine Politur a nnemen. Man nennt sie **Halbedelsteine.**

A. Die **Achate** sind völlig oder doch größtentheils undurchsichtige Kiesel, welche die Natur

Natur in grossen Stücken hervorbringt. Man theilt sie gleichfalls in orientalische und occidentalische ein. Mit den verschiedenen Farben dieses Steins ändert sich auch sein Name. Der fleischfarbene Achat heißt **Carneol** und der weißrothe **Sarder**. Beyde sind ziemlich durchsichtig. Der **Chalcedon** ist halbdurchsichtig und milchbläulich. Der **Onix** ist gleichfalls halbdurchsichtig und hat Adern von verschiedener Farbe. Sind diese Adern weiß und roth, oder weiß und gelb, so nennt man ihn **Sardonix**. Der **Opal** ist ganz undurchsichtig und hat Adern von verschiedener Farbe, vorzüglich aber gelb- und blaugrüne. Er ist der weichste in seiner Art. Aus allen diesen Steinen schneiden die Steinschneider Dosen, Stockknöpfe, Petschiere u. d. g.

B. Der **Jaspis** ist gleichfals ein Kieselstein, der sehr feine Theile und eine verschiedene Härte hat. Gewöhnlich ist er aber doch härter, als der Carneol. Man findet Jaspise beynahe von allen Farben und auch gesprengte. Der rothe führt den Namen des **Porphyrs**. Er wird von den Tafelschneidern und auch von den Steinmetzern verarbeitet, weil man ihn in sehr grossen Stücken bricht. Er komt aus verschiedenen morgen- und abendländischen Gegenden.

C. Die Steinschneider bearbeiten auch den **Aschstein** oder **Aschenzieher** (Tourmalin.)

Es ist ein brauner halbdurchsichtiger Stein, der erst seit einiger Zeit den Naturforschern bekannt ist. Er hat eine electrische Kraft, die sich durch das Reiben und durch das Erwärmen in heissem Wasser und auf Kolenfeuer äußert. Der Künstler legte ihn in Gegenwart des Verfassers auf glüende Kolen, und er zog nach wenigen Augenblicken die leichte Asche an sich, stieß sie aber eben so bald wieder von sich. Man findet ihn blos auf dem Strande der Insel Ceylon.

D. Der **Türkis** ist ohnstreitig ein versteinerter Knochen, denn hiemit stimt die Lage seiner Theile völlig überein. Er ist undurchsichtig und hat eine weiße, gelbe, grüne und grünblaue Farbe. Man findet ihn blos in Persien und Frankreich. Der Künstler schleifft ihn unten platt, oben aber rund und er erhält hiedurch eine feine Politur.

E. Der **Gesundheitsstein** ist ein stahlgrauer Stein, der entweder zu den Kiessen, oder zu den unreiffen Metallen gehört. Er wird für das Frauenzimmer zum Kopfschmuck geschliffen.

F. Endlich schleiffen diese Künstler auch die **Cristalle** z. B. zu Petschaften. Die Natur bringt sie in grossen Stücken hervor, die insgemein eine sechseckigte Gestalt haben. Der Bergcristall ist weiß, man findet aber auch gefärbte Cristalle, die man nach dem Edelsteine nennt,

nennt, mit denen sie die Farbe gemein haben.

Anm. 1) Das geübte Auge des Kenners weiß zwar die ächten und unächten Steine ohne Weitläuftigkeit zu unterscheiden. Unterdessen kann man sie auch durch die Feile, im Feuer, mit Scheidewasser und durch die Härte auf der Scheibe prüfen. Edelsteine, die eine ähnliche Farbe haben, lassen sich durch kleine Abänderungen der Farbe und durch die Härte unterscheiden.

2) Die Kunst hat die mehresten Edelsteine nachgemacht und diese Nachahmungen können das Auge des Unerfahrnen leicht täuschen. Man nennt sie Flüsse und unterscheidet sie von einander durch den Beysatz desjenigen Steins, dem sie gleichen, z. B. Rubinfluß, Amethystfluß ꝛc. Es ist bekannt, daß das Glas das wichtigste Bestandtheil dieser Flüsse ist. Der Steinschneider schleifft hieraus den nachgeahmten Putz des grossen Haufens.

B. Die **Werkzeuge** des Steinschneiders.

a) Die Scheiben der **Schleiffmühle** oder des **Werkbretts** dieses Künstlers ruhen auf einem 3 bis 4 Fuß langen und 2 Fuß breiten Tisch, Fig. IX. 1. In der Zeichnung sind des Raums wegen die Füsse ausgelassen. Das Tischblatt umgiebt auf allen Seiten ein Kranz 2. von Brettern, einige Zolle hoch. Es muste aber in der Zeichnung das vorderste Brett übergegangen werden, damit man die innern Theile entdecken könne. Ein Brett 3. auf dem Tische theilet ihn in zwey Theile. Dies Brett und der Kranz hindern, daß der

Stein nicht verloren geht, wenn er beym Schleiffen abspringt. Das Brett hält einen eisernen Arm 4. und zwischen diesem und dem Tischblatt läuft die metallene **Schleifscheibe** 5. auf der linken Seite des Tisches. Man hat diese Scheibe Fig. X. besonders gezeichnet. Die Scheibe selbst 6. ist von Bley, Zinn oder Kupfer und hat 8 bis 10 Zoll im Durchmesser, ist aber nur $\frac{1}{4}$ Zoll dick. Sie liegt auf einem runden Holz 7. woran unten ein Cylinder mit zwey Reifen sitzt. Die Folge wird lehren, daß um diese Reifen eine Schnur gelegt wird. In dem Mittelpunct der Scheibe steckt eine senkrechte eiserne Spille 9, die an beyden Enden zugespitzt ist. Der Künstler wählt nach der verschiedenen Härte seiner Steine bald eine Scheibe von Bley, bald von Zinn oder von Kupfer, und daher muß diese Schleiffscheibe können abgenommen werden. Der horizontale Theil des Arms ist daher nur an das senkrechte Eisen mit einer Schraube 10. angeschroben. Auf der Hälfte des Tisches zur linken, ruht eine hölzerne Scheibe 11. auf einem eisernen Zapfen, wie bey dem Golddrathzieher. Ihr Durchmesser beträgt 1 $\frac{1}{2}$ Fuß, und ihre Dicke $\frac{1}{2}$ Fuß. Sie ist maßiv, denn sie vertritt zugleich die Stelle eines Schwungrades. An ihrer Stirn hat sie zwey Reifen und um diese und die beyden Reifen unter der

Schleiff-

Schleifscheibe wird eine Darmschnur 12. geschlungen. Bey der Arbeit dreht die rechte Hand des Künstlers die Drehscheibe an einem Knopf 13. auf der Scheibe und vermittelst der Schnur bewegt sich zugleich die Schleifscheibe. Zur linken steht auf dem Tisch ein hölzerner starker Kegel, und in diesem steckt ein eiserner Bolzen. Auf diesen Bolzen setzt der Künstler den **Quadranten** Fig. XI. mit dem Edelsteine. Dieser Theil der Schleifmühle muß aus recht festen Holz verfertiget werden, und er ist etwa 6 bis 8 Zoll lang und 3 Zoll breit. An der einen Seite hat der Quadrant ein starkes rundes Holz mit einem senkrechten Loche 15. damit man den Quadranten auf den Bolzen Fig. IX. 14. aufstecken könne. In der Mitte des Quadranten ist ein Ausschnitt Fig. XI. 16. nach einem Cirkelbogen gemacht, und hievon hat ohnezweifel der Quadrant seinen Namen erhalten. In diesem Ausschnitt kann man einen Zapfen von a nach b verschieben, und an diesem Zapfen sitzt ein hölzerner Knopf 17. der an derjenigen Seite des Quadranten aufliegt, die in der Zeichnung sichtbar ist. Auf der andern Seite, die nicht in die Augen fällt, hat der Zapfen einige Schraubengänge und eine Flügelschraube, damit man den Knopf in jeden Punkt des Ausschnitts festschrauben kann. In 18. ist gleichfals ein hölzerner Knopf,

so

so groß, wie der vorige. Sein Zapfen steckt in einem Loche und man kann ihn umdrehen, und gleichfals mit einer Schraube festschrauben. Durch jeden Knopf sind zwey Löcher gebohrt, die sich nach rechten Winkeln durchschneiden, und durch diese Löcher der Knöpfe wird der Kittstock 19. und Fig. XII. gesteckt, der gleichfals, wie bey dem Diamantschneider, ein hölzerner abgekürzter Kegel ist. Der Künstler setzt die Edelsteine 20. in einen Kitt auf der größten Grundflächen dieses Stocks. In 21. liegt auf dem Kranz des Tisches ein Brett und auf diesem stehen kleine Schalen mit Diamantboord oder Schmirgel. Die Maschine befestigt der Künstler an einer Wand seiner Werkstätte, denn sie muß unbeweglich stehen.

b) Das **Richtblech**, Fig. XIII. ein dünnes Messingblech, hat den Zweck, die Grösse der Steine zu erforschen. Der Juvelirer zeigt den Künstler dasjenige Loch an, wonach er die Grösse des Steines bestimmen soll. Der Stein hat seine gehörige Grösse, wenn er dieses Loch ausfüllt.

C. Die **Handgriffe** dieses Künstlers sind nur sehr einfach und in der Kenntniß der Steine besteht ohnstreitig seine größte Geschicklichkeit. Es fallen hiebey drey verschiedene Verrichtungen vor, das Rundiren, das Schneiden und das Poliren.

a) Durch

a) Durch das **Rundiren** giebt der Künstler dem Steine die erste Anlage der Figur, die er erhalten soll. Z. B. einen Stein, woraus er einen Rosenstein schneiden will, verwandelt er blos in einen Kegel. Er kittet den Stein auf einen Kittstock mit einem Kitt aus zwey Theilen weissen Pech, einem Theil Ziegelmehl und etwas Mastix. Der Kitt wird vorher an der Flamme eines Lichts warm gemacht. Beym Rundiren hält der Künstler den Kittstock blos mit der Hand, und ein gutes Augenmaß giebt dem Steine die gehörige Proportion. Er muß daher jedesmal den Stein besehen, wenn er einmal die Drehscheibe umgedrehet hat. Die Scheibe Fig. IX. 5. wird hiebey blos mit zerstossenem Schmirgel und Wasser beschmiert oder **geschärft**, weil der Diamantboord zu kostbar ist, als daß man ihn bey dieser groben Arbeit verbrauchen solte. Ich bemerke nur noch und zwar einmal für allemal, daß der Künstler beym Rundiren und Schleiffen zu den härtesten Steinen eine kupferne, zu den weichen aber eine Schneidescheibe von Zinn einsetzt. Wenn eine Hälfte des Steins rundirt ist, so macht man den Kitt warm, kehrt den Stein um und rundirt die andere Hälfte.

b) Die Einrichtung der Maschinen unterscheidet größtentheils nur das **Schneiden** der Edelsteine dieses Künstlers und des Diamantschneiders.

A, Er

A. Er schneidet aus den Edelsteinen gleichfals Brillanten, Rosensteine, Tafelsteine und Dicksteine, und wenn er den Steinen diese Figuren giebt, so nennt er sie **brillantirte** Steine. Das Schneiden des Brillants mag abermals das Beyspiel seyn. Der Künstler kittet den Stein gleichfals mit dem gedachten Kitt auf einen Kittstock, daß die eine Hälfte hervorragt und steckt den Kittstock durch die Löcher der beyden Knöpfe Fig. XI. 17. 18. Hierauf verschiebt er den Knopf 17. bis nach a, befestigt beyde Knöpfe durch ihre Schrauben und steckt den Quadranten auf den Bolzen der Maschine Fig. IX. 14., daß ein Punkt des untersten Kreises seines Steins auf der Scheibe 5. liegt. Er beschmiert die Schleifscheibe bey harten Steinen, die oben schon genannt sind, mit Diamantboord und Baumöl, bey den weichen aber mit zerflossenen Schmirgel und Wasser. Zum Diamantboord nimmt man zwar gewöhnlich den schlechtesten Diamant, weil der Staub der unreinen Steine am schärfsten ist, aber auch den Abgang beym Beschneiden der reinen Diamanten. Den unreinen Diamant zerstößt der Künstler in einem Mörsel, den ich unten bey dem Wapenschneider beschreiben werde. Nach jedem Umdrehen der Drehscheibe Fig. IX. 11. besieht der Steinschneider die Facette, die sich abschleifft, und wenn das Auge entdeckt, daß

sie

sie groß genug ist, so dreht er der Kittstock Fig. XI. 19. etwas um, daß der Stein auf der Scheibe in einem andern Punct neben der geschnittenen Facette ruht. Auf diese Art schneidet er alle Facetten einer Reihe. Bey der zweyten Reihe Facetten unter der vorigen schiebt er den Knopf 17. Fig. XI. und zugleich die Spitze des Kittstocks von a bis nach der Mitte des Ausschnitts und bey der dritten Reihe bis nach b. Die Facetten entstehen, wie bey der ersten Reihe. Die zweyte Hälfte des Brillants wird auf die nämliche Art geschliffen, wenn der Stein in dem Kitt umgedrehet ist. Bey dem Schneiden der Caletten und Tafeln, hält der Künstler den Kittstock blos mit der Hand, so wie auch bey der untern platten Fläche der Rosette und den grossen Tafeln des Tafelsteins. Die Facetten der beyden letzten Steine werden wie beym Brillant geschliffen.

B. Sehr flache Steine verwandelt der Steinschneider auch wol in halbe Brillanten, oder halbe Rosetten, indem er ihnen nur eine oder zwey Reihen Facetten giebt. Er sagt alsdenn, er habe den Stein nur ein oder zweymal brillantirt.

C. Einige geringe Edelsteine, vorzüglich aber der Türkis, werden nur, wie eine halbe Kugel, rund geschnitten. Der Künstler giebt

ihnen

ihnen erst aus freyer Hand matte Facetten, und nimt nach und nach die Kanten ab, indem er die Scheibe bald rechts, bald links herumlaufen läßt. Die Pedeloquen schleifft er, wie die Brillanten.

c) Beydes, der Diamantstaub und der Schmirgel geben den kleinen Flächen der Edelsteine ein mattes Ansehen, und daher müssen sie mit zerstossenen Tripel und Wasser polirt werden. Die Maschinen zum Schneiden und Poliren gleichen einander völlig, und der Künstler besitzt zu dem letztern nur deshalb eine besondere Schleiffmühle, weil er von ihr allen Staub abhalten muß, denn hiedurch entstehen auf den Steinen Ritzen. Die harten Steine werden auf bleyernen, die weichen aber auf hölzernen Scheiben polirt und der Künstler steckt beym Poliren den Kittstock an den Quadranten, oder hält ihn mit der Hand, wie beym Schneiden. Die mehresten Edelsteine erhält nunmehro der Juvelirer, auf einigen Tafelsteinen werden aber auch Figuren ausgeschnitten und dies führt mich zu dem Wapenschneider.

III. Der Wapenschneider und Petschierstecher.

A. Die **Materialien** dieses Künstlers 1) als Wapenschneider sind Diamantboord und alle Edelsteine, die man in grossen Stücken findet, vorzüg-

vorzüglich die Halbedelsteine. 2) Sie verstehn aber auch die Kunst, auf Metall Figuren auszugraben, und hiezu verfertigen ihnen die Goldschmiede, Schlösser und Gelbgiesser goldene, silberne, meßingene und stählerne Schäfte und Stempel. In beyden Fällen gebrauchen sie auch einen Kitt von weissem Pech und Ziegelmehl.

B. Die **Werkzeuge** der Siegelgraber.

a) Diese Künstler schneiden die Figuren mit einer **Drehbanke** oder **Drehmaschine** in die Steine, deren Theile an einem 3 Fuß langen und 1 Fuß breiten Tisch angebracht sind. Fig. XIV. 1. In dem Blatte dieses Tisches ist nach der Breite ein 3 Zoll langer und 1 Zoll breiter Ausschnitt 2. und unter diesem liegt ein Schnurrad 3. das etwa 2 Fuß im Durchschnitt hat. Die beyden spitzigen Enden der Spille dieses Rades stecken auf beyden Seiten in einer hölzernen Schraube 4. Die Spille hat auf der einen Seite einen krummen Zapfen 5. und dieser hängt vermittelst eines ledernen Riems 6. mit einem Fußtritt 7. zusammen. Der Fuß des Künstlers bewegt durch diesen Fußtritt das Rad. Auf dem Tische steht die stählerne Docke 8. und ihr Zapfen geht durch eine eiserne Platte 9. und durch den Ausschnitt 2. Unter dem Tische durchbohrt der Zapfen abermals eine eiserne Platte, und durch seine vordern Schraubengänge wird die Docke unter der letzten Platte mit einer Schraubenmutter fest angezogen. Die Docke hat oben einen Einschnitt und hiedurch entstehen zwey eiserne Wände 10, die $1\frac{1}{2}$ Zoll hoch, und 1 Zoll dicke sind. Sie stehen 1 Zoll aus einander, und ein eiserner Riegel 11. hält sie oben zusammen. Zwischen den Wänden läuft ein kleines meßingenes Rad 12., 1 Zoll im Durchschnitt, und dies wird durch eine Schnur 13. von dem grossen Rade unter dem Tische bewegt. Die eiserne Spille des kleinen meßingenen Rades durchbohrt die eiserne Wand, die dem Künstler beym Schneiden zur rechten ist, und trägt eine eiserne vierkantige Hülse mit einer kleinen Schraube 14. Diese hält die Steinzeiger 15. in der Hülse fest.

b) Die **Steinzeiger** sind die kleinen Eisen, womit der Wapenschneider die Figuren ausgräbt. Sie sind an dem Ende vierkantig, womit sie in die Hülse der Schleiffmaschine Fig. XIV. 14. eingesetzt werden. An dem andern Ende ist ein Knopf, oder eine kleine Scheibe, welche man insgemein das **Rad** nennt, ohnerachtet der Künstler von dieser Benennung nichts weiß. Nach der abgeänderten Gestalt dieses Theils erhalten die Steinzeiger verschiedene Namen. Hat der Steinzeiger vorne eine kleine Scheibe die nur einige Linien zum Durchmesser hat, aber geschärft ist, so nennt ihn der Künstler einen **Schneidezeiger**. Fig. XIV. 18. **Flachperl**

Fig.

Fig. XV. heißt er, wenn er vorne einen ovalen Knopf $\frac{1}{2}$ Zoll lang und dick hat und ist der Kopf völlig rund und etwas kleiner, so heißt er eine **Rundperl**. Der **Flachzeiger** gleicht dem Schneidezeiger Fig. XIV. 18., ausser daß er auf der Stirn flach ist. Ist aber die Stirn abgerundet, so nennt ihn der Künstler einen **Bolzenzeiger** Fig. XV. 2. Die **Spitzstichel** 3. haben eine scharfe Spitze. Alle diese Knöpfe und Scheiben sind von Eisen, wenn sie zum Schneiden gebraucht werden, aber von Zinn, wenn sie poliren sollen.

c) Ein **Stift von Meßing** zum Zeichnen auf den Steinen.

d) Ein **Mörsel**, womit der Diamant zerstossen wird. Fig. XIV. 16. Er besteht aus einer 4 Zoll langen Büchse, die in der Axe der obern Fläche ein Loch hat, das unten rund ist, und aus einem Stempel, der genau in das Loch der Büchse paßt. Beydes hat man in der Zeichnung durch Punkte angedeutet. Hr. Lippert verlangt aus guten Gründen, daß entweder der Stempel, oder die Büchse aus weichem Eisen müsse geschmiedet seyn, allein beyde Theile der Mörsel, welche die hiesigen Künstler besitzen, sind von festem Eisen.

e) In der **Diamantschale**, einem kleinen meßingenen Kelch Fig. XIV. 17. vermischt der Künstler den Diamantboord mit Oel und benetzt hiemit die Steinzeiger, indem er die

Schale unter die Scheiben oder Knöpfe hält und die Maschine bewegt.

f) Zum Petschierstechen besitzt der Künstler noch 1) einen **Arbeitsstock**, Fig. XVI. Es ist ein ausgehöhlter hölzerner Cylinder 1. um welchem oben ein eiserner Ring liegt und in der Aushöhlung stehen zwey Keile 2. 3. zwischen welchen der Petschierstecher in 4. das metallene Schaft, worauf er sticht, fest hält. 2) **Grabstichel.** Der Schildstichel Fig. XVII. ist vorne rund und geschärft. Die übrigen haben vorne eine abgeschärfte Spitze und nach ihrer Gestalt erhalten sie verschiedene Namen. Ist diese Spitze Fig. XVIII. 1. rund, so heissen sie Rund- oder Bolzenstichel, ist sie platt, so nennt man sie Flachstichel, und ist sie spitzig, Spitzstichel. 3) Mit den Bunzen kann der Petschierstecher sogleich kleine Figuren in das Metall prägen, denn auf dem breiten Ende dieser Eisen hat er Buchstaben, Zahlen, Nasen, Ohren erhaben ausgeschnitten.

C. Die mehresten Künstler dieser Art schneiden blos Wapen, doch graben auch einige Figuren auf grossen Stücken der Halbmetalle mit Schmirgel und Wasser aus. Das Mechanische dieser beyden Künstler weicht wenig von einander ab, allein von dem letzten fordert man zugleich Erfindung und Geschmack, denn die erstern copiren insgemein nur. Der Wapenschneider gräbt theils auf Edelsteinen, theils auf Metall aus.

a. Sie

a. Sie graben theils auf der Fläche eines Tafelsteins, theils auf den bekannten Steinen, die drey ebene Seiten haben. Der Künstler, bey dem der Verfasser Nachrichten einsammlete, zeigte ihm, mit einer rühmenswürdigen Bereitwilligkeit das Schneiden eines nackenden Menschen an einem Cristall. Der Stein, den man schneiden will, wird auf einen Kittstock mit weissem Pech und Ziegelmehl aufgekittet. Die Seiten der ungefärbten Steine, muß der Künstler vorher, ehe er sie in den Kitt setzt, über einer Lampe schwarz anlaufen lassen, damit er die Zeichnung desto besser sehen kann. Die Zeichnung entwirft er mit einem meßingenen Stift. Allein der Steinschneider überschickt ihm die Steine polirt und auf einer polirten Fläche schreibt diese Reißfeder nicht. Er muß daher die Fläche, auf der er zeichnen will, matt schleiffen, und reibt deshalb den Stein entweder auf der Scheibe der Steinschleiffer, oder auf einer Glaßtafel mit Schmirgel und Wasser ab. Auf der matten Fläche kann er nunmehro das Schild, die Cartousche und die Krone zeichnen. Allein die Absicht dieser Tabellen erfordert, blos bey dem mechanischen stehen zu bleiben und nur zu berühren: Daß diese Künstler es müssen in der Zeichnungskunst zur Vollkommenheit gebracht haben. Nach dem gezeichneten Umriß macht der Wapenschneider mit den Schneidezeiger

Fig. XIV. 18. einen schwachen Einschnitt, nachdem er das Rad Fig. XIV. 15. vermittelst der Diamantschale mit Diamantboord und Steinöl, oder jedem andern Oele benetzt hat. Er führt den Stein mit den Kittstock dergestalt, daß die geschärfte Scheibe stets den Umriß berührt. Zuerst schneidet oder höhlt er das Schild aus, und dies geschieht mit der Flachperl. Fig. XV. 1. Er hält den Stein unter die größte Rundung des Zeigers, und führt ihn, wie es die Figur mit sich bringt. Der Zeiger wird hiebey nur mit Schmirgel und Wasser geschärft. In dem Schilde entwirft er abermals mit der Reißfeder die Figur eines nackenden Menschen, und bezeichnet den Umriß mit dem Schneidezeiger 1. Ueberhaupt ist bey dem Schneiden der Figuren zu bemerken, daß der Flachzeiger ebene, der Bolzenzeiger aber krumme Flächen aushöhlt, und daß der Künstler große oder kleine Zeiger nach der Grösse der Fläche an die Maschine stecken muß. Das Gesicht wird erst matt mit einer Rundperl ausgegraben, und alsdenn vertieft der Bolzenzeiger 4. die Stirn und die Backen. Zu der Nase und zu den Augenbramen macht der Schneidezeiger 1. Einschnitte, und kleine Bolzenzeiger bilden alsdenn diese Theile des Gesichtes. Das Auge wird mit einem Spitzzeiger 3. ausgegraben. Der Hals, eine ebene Fläche, die etwas höher steht, als das Gesicht und der Leib,

Leib, gräbt der Flachzeiger, Fig. XIV. 18. aus. Die Fläche des Leibes vertieft der Künstler abermals zuerst mit einer Rundperl, aber nur ganz flach, und Bolzenzeiger von verschiedener Grösse schneiden die erforderlichen Höhlen. Die Arme und die Füsse werden blos mit dem Bolzenzeiger Fig. XV. 2. geschnitten. Hat aber die Figur des Menschen eine solche Stellung, daß der eine Fuß zurückgezogen ist, und daß er daher etwas schwächer (bas relief), als der vorstehende seyn muß, so vertieft man den zurückgesetzten Fuß mit dem Flachzeiger. Es giebt so mannigfaltige Arten von Cartouschen und Laubwerk, daß sich hiervon nichts weiter sagen läßt, wenn man nicht unverständlich werden will, als daß der Schneidezeiger einen Einschnitt um den Umriß der Cartousche macht, und daß die Bolzenzeiger die runden, die Flachzeiger die ebenen Flächen, und die Spitzzeiger die Puncte aushöhlen. Die untern Reifen einer Krone bezeichnet der Schneidezeiger Fig. XIV. 18. und der Flachzeiger höhlet die schmalen und platten Flächen zwischen zwey parallelen Einschnitten aus. Ueber diesen Reifen werden gewöhnlich einige starke Puncte mit einer Rundperl ausgeschnitten und auf diesen Kreuze mit dem Schneidezeiger gemacht. Nunmehr steht die ausgegrabene Figur in dem Steine, oder mit dem Herrn Lippert zu reden, „die „Hand des Künstlers, durch das Auge und „den Verstand geleitet, stellet dies Wunder-

„werk dar.„ Bey allen diesen Beschäftigungen müssen die verschiedenen Zeiger zum öftern mit Diamantboord und Steinöl geschärft werden.

Endlich polirt der Künstler die Figur mit feinem Tripel und Wasser. Er bedient sich beym Poliren für jede Fläche eben der Zeiger, womit er sie ausschneidet, allein das Rad dieser Zeiger ist von Zinn. Die Fläche, worauf man aushöhlt, muß, wie gedacht, matt gemacht werden, wenn die Striche der Reißfeder darauf haften sollen, und daher muß der Künstler die ganze Fläche, worauf er seine Figur ausgeschnitten hat, wieder auf der Polirscheibe der Steinschneider mit Tripel poliren. Stellen, die matt bleiben sollen, polirt er mit meßingenen Mattzeigern.

6. Die Beschreibung der ganzen Kunst des Petschierstechers könnte man in diesen wenigen Worten zusammen fassen: Er muß eine grosse Fertigkeit im Zeichnen und eine geübte Hand haben. Einige Anmerkungen sollen daher nur das Nöthige begreiflich machen. a) Der Arbeitsstock, Fig. XVI. oder auch bey grossen Stempeln ein Schraubestock hält den metallenen Schaft, wenn der Künstler gräbt. Der erstere ist aber zu dieser Absicht bequemer, weil ihn der Künstler nach Willkühr umdrehen kann. Grosse Stücke befestigt man auch mit Pech und

Ziegel-

Ziegelmehl in dem Arbeitsstock. b) Nach dem Umriß der Figur macht der Künstler gleichfals einen Einschnitt mit dem Schneidestichel, einen Grabstichel, mit einer scharfen Spitze. Das Schild gräbt der breite Schildstichel Fig. XVII., die geraden Flächen der Flachstichel und die krummen der Rundstichel aus. Diese verschiedenen Arten der Grabstichel sind schon aus der Beschreibung der Werkzeuge bekannt. c) Allein die Bunzen haben bey den Petschierstecher gleichfalls einen namhaften Nutzen. Selten gräbt der Künstler Augen und Nasen, und nie Buchstaben und Zahlen mit einem Grabstichel. Er setzt nur die erhabene Figur dieser kleinen Stempel auf das Metall und einige behutsame Schläge des Hammers auf die Bunzen bilden diese kleinen Theile der Figuren. d) Die ausgegrabene Figuren und die Fläche selbst, worauf sie der Künstler gravirt hat, werden mit feinen englischen Schleifssteinen und mit dem Polirstahl polirt. e) Bey Stempeln mit erhabenen Figuren, Buchstaben und Zahlen nimt der Künstler das Metall auf den Seiten der vorgezeichneten Figuren, oder wo es sonst nöthig ist, mit einem Flachstichel weg, daß die Figur erhaben auf dem Stempel zu stehen komt.

IV. Der Tafelschneider.

Diesen Künstler nenne, zum Unterschied von den übrigen, Tafelschneider, ohnerachtet er sich eigentlich Galanteriesteinschneider nennt.

A. Er schneidet alle Arten der Halbedelsteine, welche die Natur in grossen Stücken hervorbringt, überdem aber auch Cristalle, Marmor, Feuersteine und selbst Feldsteine, die ein gutes Ansehn haben z. B. Kiesel.

B. **Werkzeuge** des Tafelschneiders.

a) Seine **Drehbank** hat eben die Einrichtung, wie die Maschine des Wapenschneiders Fig. XIV., allein alle Theile sind weit grösser. Die hohen und starken Wände 10. tragen ein grösseres eisernes Rad 12., daß man bey grossen Steinzeigern abnehmen und ein stärkeres einsetzen kann. Die **Spille** 14. ist gleichfals weit stärker und hat eine runde Hülse, und keine Schraube.

b) Die Steinzeiger, die dieser Künstler **Spillen** nennt, sind gleichfalls weit grösser, wie bey dem Steinschneider. Das Ende dieser Spillen, das in die Hülse Fig. XIV. 14. der Maschine gesteckt wird, hat hinten einen starken Cylinder von Bley, Fig. XIX. 1. der sich genau in die Hülse paßt. Einige dieser Spillen haben vorne eine geschärfte Scheibe, gewöhnlich von Kupfer, und mit diesen zerschneidet der Künstler kleine Steine Fig. XIX.

XIX. 2. Diese und alle folgende Scheiben oder Räder, haben zum Theil nur einige Linien im Durchmesser, andere aber wohl 4 bis 6 Zoll. Es ist gleichgültig, ob sie von Eisen oder von Kupfer sind. Andere Spillen haben eine breite Stirn, Fig. XX. und XXI. allein die stärksten sind nicht über $\frac{1}{4}$ Zoll dick. Noch andre sind vorne, spitzig Fig. XXII. und hiemit schleifft der Künstler die Ecken in ausgehöhlten Gefässen. Mit hohlen cylindrischen Spillen Fig. XXIII. drehet er die Löcher in Stockknöpfen und Etuis aus. Bey dem Poliren bedient er sich Spillen von eben der Gestalt aber von einer Composition aus Zinn und Bley.

c) Die **Steinsäge** gleicht völlig den Handsägen der Tischer, ausser daß das Blatt von Kupfer ist und keine Zähne hat.

d) Figur XXIV. ist ein **Bauchcirkel**, dessen Gebrauch bey hohlen Geschirren bekannt ist.

C. Der Tafelschneider zertheilt die Steine zu Tafeln für die Naturaliencabinetter, höhlt sie zu Dosen, Pocalen und Etuis aus, schneidet Tafeln, womit die Tischblätter ausgelegt werden, und bildet endlich erhabene Figuren. Beyspiele werden seine **Handgriffe** ins Licht setzen.

a) Grosse Stücken von Marmor, Jaspis, Achat u. a. m. schneidet er mit der kupfernen Säge zu **Tafeln**, weil es ihm beschwerlich fallen

fallen würde, sie unter dem Rade seiner Maschine zu halten. Sehr grosse Steine liegen beym Sägen durch ihre eigene Schwere feste, die mittelmäßigen aber schraubt er auf einem Brett mit einem Schraubezwinger, wie der Tischler an. Die Säge muß zum öftern mit Schmirgel, den man mit Wasser in einen steifen Brey verwandelt, beschmiert werden, und der Künstler lenkt sie nach den vorgezeichneten Linien. Die Flächen der zerschnittenen Tafeln reibt der Tafelschneider erst mit einem feinen Sandstein ab, hernach mit Bimsstein und endlich mit feinem Tripel und Baumöl, vermittelst eines Tuchs. Die feinste Politur giebt der Fläche Tripel mit Wasser naß gemacht. Allein in weit kürzerer Zeit zerschneidet er die kleinern Stücken mit den scharfen kupfernen Spillen Fig. XIX. an der Maschine Fig. XIV. Hinter der Scheibe ruht auf dem Tisch ein hölzerner Arm und der horizontale Theil dieses Arms steht über der Scheibe, und hält an seinem Ende ein Leder, das an der Seite, wo der Künstler steht, auf der Stirn der Spille aufliegt und hindert, daß der aufgeschmierte Schmirgel dem Künstler nicht in die Augen spritzt. Unter der Scheibe steht eine Schüssel mit nassen Schmirgel. Der Künstler lehnt sich bey der Arbeit mit entblößten Armen auf zwey lederne Küssen, bewegt unter der Scheibe den Stein nach der Zeichnung hin und her und benetzt mit der

Hand

Hand die Scheibe zum öftern mit Schmirgel. Bey andern Künstlern trägt der obere Arm des gedachten Galgens einen Trichter mit Schmirgel angefüllt, woraus der Schmirgel langsam auf die Scheibe fließt. Die Polirscheiben mit einer ebenen Stirn von einer Composition aus Zinn und Bley geben den zerschnittenen Tafeln die Politur. Der Künstler nimt hiebey, so wie bey aller seiner Arbeit, die vorige Stellung, benetzt die Scheibe mit feinem Schmirgel und Baumöl und hält die Tafel unten an die platte Stirn des Rades. Dies giebt den Flächen die halbe Politur und durch das Schleiffen mit Tripel und Wasser wird sie völlig glatt. Wer siehet nicht, daß beym Poliren eine Fläche unter der Scheibe dergestalt muß geführet werden, daß diese die Fläche in allen Punkten berührt?

b) Bey der Verfertigung einer viereckigten steinern **Dose** schneidet der Künstler erst für die Dose und für den Deckel ein maßives Stück Stein, das äusserlich völlig die Gestalt dieser beyden Theile hat. Gewöhnlich wählt er hiezu die scharfen Spillen Fig. XIX. ohnerachtet er sich auch der Säge bedienen kann. Er verfährt hiebey, wie bey den Tafeln. Soll aber der Fuß der Dose, oder der Deckel ein Gesimse erhalten, so zeichnet er die Breite des Gesimses ab, macht nach den gezogenen Strichen auf allen vier Seiten mit der Schneidescheibe Fig. XIX.

Ein-

Einschnitte und nimt mit Spillen, welche eine breite Stirn haben Fig. XX. oder auch, wie bey den Tafeln, mit einer Schneidescheibe Fig. XIX. von dem Stein so viel ab, daß ein vierkantiges Stück vorsteht, woraus er das Gesimse bildet. Er bewegt hiebey eine Fläche der Dose nach der andern unter den mit Schmirgel geschärften Spillen hin und her. Die Stäbe des Gesimses schneiden gleichfals Spillen mit breiten Stirnen, und der Künstler wählt dicke oder dünnere Scheiben, nachdem ein Stab des Gesimses breit ist. Das Aeussere der Dose wird endlich unter den Polirspillen, wie eine Tafel polirt. Allein bey dem Aushöhlen der Dose und des Deckels, welches völlig einerley ist, muß der Steinschneider schon mehr Kunst zeigen. Zuerst steckt er an die Maschine Spillen mit breiten Stirnen. Fig. XX. bezeichnet den Theil der Fläche, den er ausschneiden will, und lenkt nach den gezogenen Linien die Dose unter der geschärften Scheibe. Hiezu wählt er eine ziemlich breite Scheibe und hält die Dose dergestalt, daß der Boden gegen die Erde gekehrt ist. Bey einigem Nachdenken wird man leicht einsehen, daß in der Dose eine Aushöhlung entsteht, die einem halben ausgehöhlten Cylinder ähnlich ist. Hat also der Künstler die Dose unter der Scheibe nach der Länge hin und her bewegt, so bleibt auf jeder breiten

Seite

Seite ein Berg stehen, und dieser muß nun gleichfals abgeschliffen werden. Er läßt daher die Scheibe auf einer dieser beyden Erhöhungen schneiden, und diejenige breite Seite, wo er den Berg abschneiden will, ist jeßt gegen die Erde gewand. Er muß aber hieben schon kleinere Spillen anstecken. Auf diese Art kan er zwar beyde Erhöhungen auf den Seiten abnehmen, indem er beständig kleinere Spillen aufsteckt, allein die Winkel sind noch ungebildet. Diese höhlt er mit den scharfen Spillen Fig. XXII. aus, indem er den Winkel der Dose auf der geschärften Spitze hin und her bewegt. Es versteht sich, daß die Spillen hieben stets mit Schmirgel müssen benetzt werden. Endlich polirt der Künstler die innern Flächen auf die schon erwehnte Art.

Bey runden Dosen schneidet der Tafelschneider den Stein äußerlich erst zu einem vieleckigten Körper. Die Ecken nimt er nach und nach mit den Spillen Fig. XX. ab. Das Aushöhlen weicht von dem Vorhergehenden nicht weiter ab, als daß er die Dose dergestalt dreht, daß sich die Einschnitte der Scheibe beständig durchschneiden. Bey dem Ausschneiden der Erhöhung auf der Seite drehet er die Dose im Kreise herum.

c) Die runde äussere Fläche der **Etuis** schneidet der Künstler wie bey der runden Dose. Alsdenn steckt er die hohle cylindrische Spille Fig. XXIII. an die Maschine, und hält die eine

Grund-

Grundfläche des steinernen Cylinders gegen die Spille, daß sie in den Stein einen Einschnitt macht. Der Kern läßt sich leicht ausbrechen. Auf diese Art höhlt der Künstler das Unterste und den Deckel der Etuis aus, und polirt sie mit kleinen Spillen, die eine platte Grundfläche haben. Fig. XX. Er zeichnet ferner auf dem untern Theil der Etuis die Falze ab, worauf der Deckel sich passen soll, macht mit einer scharfen Spille Fig. XIX. einen Einschnitt um das Etuis, und nimt das Ueberflüßige mit den Spillen Fig. XX. ab. Auf eben die Art höhlt er auch die Löcher der Stockknöpfe aus. Der Knopf selbst wird erst mit den scharfen Spillen beschnitten, mit den breiten gebildet, und mit den Polirscheiben polirt.

d) Endlich schneidet der Tafelschneider auch auf den Edelsteinen **erhabene Figuren.** Er macht mit einer kleinen Schneidespille einen Einschnitt nach dem Umriß der Figur, stärker oder schwächer, nachdem die Figur wenig oder stark soll erhaben seyn. Die breiten Spillen Fig. XX. nehmen die Theile des Steins auf den Seiten der Figur weg, und Spillen von eben dieser Art, deren Scheiben oft nicht grösser, als ein Nadelknopf sind, bilden die verschiedenen Erhöhungen und Vertiefungen auf die Figur. Allein Beschäftigungen, wobey Genie, Augenmaaß

und

und Uebung den Künstler leiten müssen, lassen sich nicht gut beschreiben. Es scheinet überdem, daß die hiesigen Künstler nur noch eine geringe Geschicklichkeit in diesen Werken der Kunst besitzen.

Anm. 1. Tafeln, womit z. B. Tische ausgelegt werden, setzt man mit Mastix zusammen, und wenn die Fugen nicht so leicht sollen in die Augen fallen, so wird unter den Mastix-Staub von den Steinen, die man zusammensetzen will, gemischt.

2) Es wäre wider den Zweck dieses Buchs, dasjenige zu beschreiben, was die Kunst und der Geschmack von den beyden letzten Steinschneidern fordert. Geschickte Künstler müssen billig die Schriften eines Winkelmann, Stosch, und Lippert in dieser Absicht unermüdet lesen. Hieraus wird man auch das späte Alter dieser Künste ersehen.

D. Der Tafelschneider und alle übrige Steinschneider nennen sich Künstler. Sie können sich auch diesen Namen vor allen andern beylegen, wenn ihre Arbeiten von einem gereinigten Geschmack zeugen. Sie lernen 8 bis 9 Jahr, und sind keinen Gesetzen der Handwerker unterworfen.

Zwey

Zweyter Abschnitt.

Die Bleyfabrik.

A. Inhalt. Die hiesige Bleyfabrik in der Sandgasse vor dem Königsthor, die in diesem Abschnitt soll beschrieben werden, gießt auf einer geneigten Fläche Rollenbley zum Decken der Dächer und der Rinnen. Diese grosse Tafeln werden auch zum Theil zerschnitten und auf dem Streckwerke in dünne Platten für die Tobacksfabriken verwandelt. Durch das Calciniren in Mist über Eßig entsteht aus dem Bley das Schieferwtiß, welches hernach mit einem Zusatz von Kreide auf einer Mühle zerrieben wird. Man nennt es alsdenn Bleyweiß. Ueberdem wird auch Schrot oder Hagel in dieser Fabrik gegossen.

B. In dem Magazin dieser Fabrik müßen folgende Materialien verräthig liegen:

a) Das Bley (♄) ist hier der wichtigste Einkauf. Dies schwaszgraue Metall hat keinen Klang und die wenigste Elasticität. In Absicht seiner Schwere folgt es gleich nach dem Golde und Quecksilber. Das Wasser und die Luft giebt ihm eine stärkere Schwärze und im Feuer wird es durch das Verrauchen und

auch

auch durch Schlacken vermindert. Man bringt es nur in Erzen am häufigsten in den Silberbergwerken, auf. Die Bleyfabrik bekommt ihr Bley aus Goßlar und aus England in grossen **Barren** oder **Mulden**, die $1\frac{1}{2}$ Centner wiegen. Der Centner Bley kostet 6 bis 7 Rthlr. In Absicht der Fabriken ist noch zu bemerken:

A. Das Bley läßt sich zwar, als das weichste unter allen Metallen, leicht schneiden und schmieden, allein es ist zugleich brüchig und hat die schwächste Ziehbarkeit. Es schmelzt, ehe es glüend wird und im Flusse überzieht es ein Schaum, der verschiedene Farben spielt. Es ist bekannt, daß es auf dem Test von dem Golde und Silber die unedlen Metalle absondert und wenn man auf den Hütten das Silber von diesem Metall scheidet, so entstehen halbverglasete Schlacken, die bald weiß sind und den Namen der **Silberglätte** erhalten, bald aber gelb und **Goldglätte** genannt werden.

B. Durch einen verschiedenen Grad der Hitze kann man das Bley in einen weissen, gelben, rothen und grauen Kalk verwandeln. Den weissen nennt man **Bleyweiß**, den gelben **Bleygelb** oder Masticot, den rothen **Mennige** und den grauen **Bleyasche**.

b) Das rothgelbe **Operment** (Auripigmentum) ein arsenikalisches Halbmetall, das Schwefel bey sich führt, wird unter das Bley gemischt, woraus man Schrot giessen will. Es giebt auch grüngelbes Operment.

c) Das Schieferweiß wird mit **Kreide**, einer weissen, harten und spröden Erde, versetzt.

C. Die **Maschinen und Werkzeuge** stehen nach ihrer mannigfaltigen Bestimmung in verschiedenen Zimmern der Fabrik.

a) In einem Zimmer gießt man das Bley zu Rollen und Tafeln, und hiezu gehören folgende Werkzeuge:

A. Die **Schrotformen** Fig. I. womit das Schrot gegossen wird, gleichen den Durchschlägen in den Küchen. Sie sind von geschmiedetem Eisen und die Fabrik besitzt 8 solcher Formen, weil 8 Arten Schrot verfertigt werden. Die Formen zu dem starken Schrot sind geräumiger und die Löcher im Boden einer Form, die zu einer kleinern Schrotnummer bestimmt ist, etwas kleiner, als bey der für die grössern Nummern. Für jede Nummer besitzt die Fabrik auch **Handsiebe** von Eisendrath. Das Bley zum Giessen des Schrots wird in einem eingemauerten **Kessel** oder Topf, wie man in dieser Fabrik sagt, flüssig gemacht. Dieser Kessel Fig. II. hält 15 Centner. Ein **Gießlöffel** von geschmiedetem Eisen, Fig. III. ist gleichfalls bey dieser Beschäftigung nothwendig.

B. Neben

B. Neben dem gedachten Kessel ist nach der Länge des Zimmers noch ein grösserer Kessel Fig. II. eingemauert, worinn 36 Centner Bley zum Giessen des Rollenbleys können geschmolzen werden. In einer Linie mit den beyden Kesseln steht ein 17 Fuß langer und 4 Fuß breiter **Tisch**, auf welchem das Bley zu Tafeln gegossen wird. Die IV Fig. stellt ihn ohne Füsse vor. Das starke Tischblatt ist an drey Seiten mit einem Kranz von Brettern 1. umgeben, die 1 Fuß hoch sind. Der Kranz ist größtentheils mit Sand 2. ausgefüllt und der Theil des Kranzes, der über dem Sande hervorragt, bestimmt die Dicke der Bleytafel. Neben der breiten Seite, wo das Tischblatt keine Leiste hat, ruht auf einem Gestell ein kupfernes Gefäß, die Stürze 3., dessen Seitenbleche Dreyecke sind. Das Gefäß fasset einige Centner Bley und hat zum Aufheben zwey hölzerne Handgriffe 4. Es ruht blos auf einem Gestell, ohne Befestigung. Damit das Bley leicht auf dem Tische hinablaufe, so ist das Blatt etwas von A. nach B. geneigt und durch Keile unter dem Tischblatt in A. kann man das Blatt mehr oder weniger neigen. Die Höhe des Sandes auf dem Tische bestimmt das **Streichholz** Fig. V. ein schmales Brett, dessen vorstehender Theil 1. so lang ist, daß es genau in den Kranz nach der Breite des Tisches kann gesetzt werden.

Die Stärke dieses Theils richtet sich nach der Dicke der Tafel, die man giessen will. Mit einem **Plätteisen** Fig. VI. plättet man den Sand vor dem Giessen und mit dem **Calibermaaß** Fig. VII. werden die Bleytafeln gemessen, ob sie die gehörige Dicke haben. Es hat sechs Einschnitte von abnehmender Grösse, denn man gießt hier sechs Arten Bleyrollen von verschiedener Dicke.

C. Das Bley, das zu Bleyweiß soll calcinirt werden, wird in einen kleinen **Einguß** Fig. VIII. von Eisenblech ausgegossen. Er ist $2\frac{1}{2}$ Fuß lang, $1\frac{1}{2}$ Zoll breit und einige Linien tief.

D. Mit einem starken Messer oder **Schnitzer** Fig. IX. zerschneiden die Arbeiter starke Tafeln, wenn daraus dünne Platten sollen gestreckt werden.

b) In einer andern Abtheilung der Fabrik ist eine Roßmühle, die ein Streckwerk bewegt und durch Reibsteine das Schieferweiß zermalmt. Alle Theile dieser Maschine sind in einem Zimmer im untern Stockwerke und in einigen andern über diesem im zweyten Stockwerke vertheilt. In der Mitte des Zimmers im untern Stockwerke, welches 29 Fuß ins Gevierte hat, steht eine senkrechte Welle Fig. X. 1. und ragt bis an die Decke. Einige Fuß von der Erde sind in die Welle 4 starke Hölzer 2., so lang, als es das Zimmer erlaubt, nach rechten Winkeln

in

in die Welle eingezapft. Vier Riegel vereinigen die Bäume untereinander und 4 Streben 3. geben ihnen Festigkeit. Ein jeder weiß, daß an der äussersten Spitze der eingezapften Hölzer die Pferde angespannt werden. Unter der Decke des Zimmers trägt die senkrechte Welle ein Rad 4., welches oben und unten Zähne hat und also ein Stirn- und Kammrad zugleich ist. Hiedurch wird ein doppelter Zweck erreicht.

A. Als Kammrad bewegt dies Rad ein **Streckwerk**. Das Zimmer im zweyten Stockwerke, worinnen das Streckwerk steht, ist nicht unmittelbar über dem Rade und daher bewegen zwey horizontale Wellen diese Maschine. Die erste Welle hat an jedem Ende ein Getriebe. Das größte 5. von 52 Stäben, wird von dem Kammrade 4. bewegt und durch ein zweytes Getreibe 6. von 6 Stäben, an dem andern Ende dieser Welle, wird ein Stirnrad 7 von 52 Zähnen an einer zweyten Welle in Bewegung gesetzt. Diese letzte Welle hängt durch eine eiserne Hülse mit der untersten Welle des Streckwerks zusammen. Auf der Kupfertafel steht diese Maschine mit dem letzten Stirnrade 7. besonders Fig. XI. und das Auge wird leicht durch die Zahlen den Zusammenhang der Theile entdecken.

Das Gestell dieses **Streckwerks** ist durchgängig von Eisen. Die Wände 8 bestehen aus zwey starken eisernen Stäben, die untereinander durch Riegel von allen Seiten zusammengehalten werden. Auf dem untersten Riegel 9. der breiten Seiten liegen die Zapfen der untersten Walze 10., die durch das Stirnrad 7. in Bewegung gesetzt wird. Sie ist beynahe $2\frac{1}{2}$ Fuß lang und 6 Zoll dicke. Die oberste Walze 10. ist aber, ich weiß nicht warum? etwas stärker und wird blos von der untern herum geschleifft, doch so, daß bey der Bewegung die Richtung der untern links, der obern aber rechts ist. Beyde sind aus Glockengut gegossen. Die gestreckten Bleyplatten werden aber nach und nach dünner und daher muß man die obere Walze der untern nähern und auch entfernen können. Dieserwegen sind die mittelsten Riegel 12., worin die Zapfen der obersten Walze stecken, nur zwischen den Stäben der Wände eingefalzt und lassen sich verschieben. In jedem obern Riegel 13. stecken zwey senkrechte Schrauben 14. in einiger Entfernung neben einander, und jede trägt, vermittelst eines Ringes eine eiserne Stange, wodurch sie die Walzen heben. Daher ist an dem obern Ende jeder Schraube ein horizontales messingenes Stirnrad 15. und in die Zähne der beyden Stirnräder auf jeder Wand greift eine Schraube ohne Ende 16., die man durch einen Schlüssel 17. mit vier Armen umdrehet. Nachdem dieser Schlüssel rechts oder links umgedrehet wird, kann man durch die Schrauben den mittelsten Riegel und zugleich die oberste Walze 11. erhöhen und erniedrigen.

drigen. Beyde Schrauben ohne Ende verknüpft eine Stange 18. in ihrem Mittelpunkte, damit sich die Walze auf beyden Enden gleichmäßig erhebt.

B. Ich kehre zu der senkrechten Welle Fig. XI. 1. zurück. Die Zähne auf der Stirn ihres obern Rades 4. fassen in ein Getriebe 19. von 52 Stäben und hiedurch wird eine Mühle in Bewegung gesetzt, worauf man in der Fabrik das Bleyweiß zerreibt. Die senkrechte Welle dieses Getriebes durchbohrt die Decke des untern Stockwerks und trägt im zweyten Stockwerk ein Stirnrad 20. mit 52 Zähnen. Dies bewegt vier Getriebe an allen vier Seiten 21 Die beyden ersten haben 14, das dritte 12 und das vierte 10 Stäbe. Jedes Getriebe setzt an einer senkrechten eisernen Stange einen Läufer auf einem Bodenstein in Bewegung. Diese kleinen Reibesteine haben zwey Fuß im Durchmesser und sind mit einem Reif von Böttcherarbeit, wie die Mühlsteine, umgeben. Der unterste wird auch wie in den Mühlen gestellt. Man hauet sie aus den härtesten Werkstücken, die man nur bekommen kann. Sie stehen auf vier Abschnitten neben einander, daß der Boden des Steins 22. mit der obern Fläche des Läufers 23. parallel liegt, und der dritte und vierte auf eben die Art niedriger stehen, der Stein 25. aber der niedrigste ist. Alle diese Steine sind durch Rinnen 26. vereinigt und durch diese vortheilhafte Stellung der Steine wird das zermalmte Bleyweiß, vermittelst der Rinnen von dem obersten zu den niedern Steinen geführt.

c) Zur Verfertigung des Bleyweisses gehören noch starke Töpfe Fig. XII. von weisser gebranter Töpfererde verfertigt. Ihre Höhe und ihre größte Weite beträgt 6 Zoll, desgleichen kleine dreykantige Töpfe, worin das Bleyweiß geformt und getrocknet wird. Die letztern sind ohngefehr 4 bis 5 Zoll hoch und oben eben so weit.

D. Es ist noch übrig zu erzehlen, wie das Schrot, die Bleyrollen und Bleytafeln und das Bleyweiß verfertigt werden.

a) Das Bley zum **Schrot** (Hagel) wird, wie gesagt, in dem Kessel geschmolzen, der 15 Centner fasset. Wenn es flüssig ist, so schüttet man gelben Auripigment hinzu, denn dies Halbmetall reinigt das Bley und giebt ihm die Eigenschaft, daß es gut körnet. In 15 Centner hartes Bley werden $\frac{3}{4}$ Pfund Auripigment geworfen, zu weichem Bley aber nur $\frac{3}{8}$ Pfund. Bey der Zumischung des Auripigments zum Bley zeigt sich auf dem Metall eine Flamme, aus deren Stärke der Arbeiter urtheilt, ob das Bley zu dem Schrot, das er giessen will, flüssig genug sey. Denn zu dem grossen Schrot muß er dem Bley eine stärkere Hitze geben, als zu dem kleinern. Er taucht die Schrotform Fig. I. in das flüssige Bley, damit sie sich erwärme, nimt die Schlacken mit einem Schmelzlöffel ab und schüttet sie

in

in die Form. Die Schlacken hindern das Bley, daß es nicht zu schnell durch die Löcher der Schrotform läuft und daher schüttet man in die Formen zu grossem Schrot mehr Schlacken, als in die zu kleinem. Der Giesser hält die Form über ein hölzernes Gefäß mit Wasser, schöpft das Bley mit einem Schmelzlöffel Fig. III. und läßt es durch die Schlacken und Löcher der Form in das Wasser laufen. Das Bley bildet sich in kleine oder grosse Tropfen, nach der Grösse der Löcher im Boden der Schrotform und schreckt sich in dem Wasser ab. Gießt man den ganzen Tag hindurch, so muß das Gefäß viermal mit frischem Wasser angefüllt werden, denn in dem kalten Wasser körnt das Bley am besten. Allein es entstehen doch in dem Wasser unförmliche Körner und diese sondert man durch ein Sieb ab. Ueberhaupt werden 8 Nummern oder Arten des Schrots gegossen und für jede Nummer ist in der Fabrik ein besondres Sieb. Nummer 1 ist das stärkste Schrot und dies wird durch zwey Siebe gesiebet. Was bey dem ersten Durchsieben im Siebe zurückbleibt, heißt Numm. 0 oder Rehpost und wird wieder eingeschmolzen, weil es selten Käufer findet. Die übrigen Nummern läßt man nur durch ein Sieb fallen. Ein Centner Schrot kostet 8 Rthlr. 8 Gr.

5) Das **Rollenbley** wird entweder, so wie man es gießt, zum Decken der Dächer und

zu Röhren verbraucht, oder man zerstückt es und streckt daraus Platten für die Tobacksfabrik.

A. Ueberhaupt werden in dieser Fabrik auf dem geneigten Tisch Fig. IV. sechs Arten von **Bleyrollen gegossen**, die eine verschiedene Dicke haben. Die stärksten sind $\frac{1}{4}$ Zoll dick und die übrigen nehmen beständig um eine Linie ab. Die Grösse des Tisches bestimmt ihre Länge und Breite. Das flüßige Bley muß aber auf dem Tische schneller hinabfliessen, wenn man dünne Tafeln giessen will, als bey dem Giessen der dicken. Die Ursache läßt sich leicht errathen. Daher kann der Tisch mit einem besondern Keil für jede Art der Tafeln in A. höher gestellt werden. Schon aus dem vorigen ist bekannt, daß der Kranz des Tisches mit Sand ausgefüllet wird, damit das Bley nicht anklebe und gut hinablaufe. Der Sand wird mit Wasser angefeuchtet, aber nur wenig. Allein er muß nicht völlig den Kranz Fig. IV. 1. ausfüllen, sondern um so viel über dem Sande hervorragen, als die Tafel dick werden soll. Damit man diese Höhe gehörig treffe, so setzen die Arbeiter den vorstehenden Theil des Streichholzes Fig. VI. 1. in den Kranz, nach der Breite des Tisches, und zwey Arbeiter fahren mit diesem Holze auf dem Sande hinab. Es ist begreiflich, daß man für jede Art der Tafeln ein besondres Streich-

Streichholz wählen muß. Der nasse Sand wird erst blos mit einem heissen Plätteisen Fig. VI. an allen Orten geglättet, alsdenn macht man das Eisen abermals heiß, beschmiert es mit Speck und plättet den Sand zum zweytenmal, daß er so glatt wird, wie ein Spiegel. Ein Arbeiter schöpft mit einem Gießlöffel das flüssige Bley aus dem größten Kessel und füllet nach Gutdünken die Stürze Fig. IV. 3. an, und zwey Arbeiter heben dies Gefäß an den Griffen 4. auf und lassen das Bley auf dem Sande hinablaufen. Damit aber die oberste Fläche des Bleys glatt und die Tafel durchgängig gleich dicke werde, so fahren zwey Arbeiter mit einem Streichholz Fig. V. auf dem Bley hinab, wie vorher auf dem Sande. Dies Streichholz muß um die Dicke der Tafel dünner seyn, als das erste. Alles überflüßige Bley läuft in zwey Löcher Fig. IV. 5. die man schon vorher in den Sand gemacht und in jedes einen eisernen Bolzen an einem Ringe gesetzt hat. Sobald das Metall dichte, aber noch warm ist, so reißt man an den Ringen die überflüßigen Stücke in den Löchern ab, legt auf das breite Ende der Tafel einen Baum und zwey Personen rollen die Tafel vermittelst eines nassen Tuchs, um dies Holz. Jede Rolle wiegt 10 bis 12 Centner und man kann also aus einem angefüllten Kessel 3 Tafeln giessen. Einen Centner Rollenbley überläßt die Fabrik dem Käuffer, wie das Schrot, für 8 Rthlr. 8 Gr.

B. Die

B. Die dünnsten Rollen, woraus man Tafeln für die Tobaksfabrik strecken will, werden mit einem starken Messer Fig. IX. in Stücke zerschnitten, die 12 bis 18 Zoll breit und so lang sind, als die grosse Tafel breit ist und diese Stücke verdünnt man auf dem Streckwerke Fig. XI. Die Stücke werden erst viermal, jedes besonders gestreckt und hiedurch werden sie noch einmal so lang und breit. Man muß hieben die oberste Walze 11. von der untersten entfernen und die Erfahrung hat gelehrt, daß man die Kurbel 17. fünfmal zurückdrehen muß, wenn beyde Walzen die gehörige Entfernung haben sollen. Jedes Stück wird nun von neuen mit einer Stockschere in 1 Fuß lange und 1 ½ Zoll breite Theile zerschnitten und wieder auf das Streckwerk gebracht. Die feinsten Platten preßt man zwischen den Walzen an die vierzigmal und man legt erst 4 Blätter zusammen und steigt hiemit bey jedem neuen Durchziehen, bis 28 Blätter zugleich gestreckt werden. Die Walzen ziehen die Tafeln ohne Bemühen des Arbeiters durch und seine ganze Beschäftigung hieben ist, daß er die oberste Walze der untern, nach jedem Durchziehen, etwas nähert. Die fertigen Platten haben die Grösse und Dicke eines Bogens Papier und 1000 solcher Blätter ersteht die Tobacksfabrik für 12 Rthlr.

Anm. In der Tobacksfabrik wickelt man das Bley blos um einen Kloß, der die Gestalt eines Packes Toback hat.

c) Die

c) Die wichtigste Waare dieser Fabrik ist das **Schieferweiß** oder **Bleyweiß**.

A. Man **calcinirt** hier das Bley in Pferdemist, ohnerachtet jede mäßige Wärme, die den Eßig in Dämpfe auflöset, das Bley in den weissen Kalk, den man Schiefer- oder Bleyweiß nennt, verwandelt. Man könnte sich also hierbey auch der Distillirblase bedienen. (S. des Herrn von Justi Abhandlung von den Manufact. u. Fabrik. 2 Th. S. 518). Das Bley, woraus das Bleyweiß calcinirt wird, schmelzt man gleichfalls in einem grossen Kessel und gießt es mit Schmelzlöffeln in einen kleinen Einguß Fig. VIII. daß, nach dem Willkühr des Arbeiters, kleine Tafeln entstehen, die 1½ bis 2 Pfund wiegen und beynahe 2½ Fuß lang, 1½ Zoll breit und einige Linien dick sind. Der Einguß steht beym Giessen auf nassem Sande, damit das Bley bald kalt werde und die Formen wieder gebraucht werden können. In dieser Absicht entfernt man sie auch schnell von dem Feuer. Die Arbeiter rollen die Tafeln mit der Hand zusammen, ohne darauf zu sehen, wie einige Schriftsteller verlangen, daß sich die Flächen nicht berühren. Das Calciniren in Mist geschieht in einem Stall, der die Grösse einer mittelmäßigen Stube hat. Auf den Boden des Stalls wird Mist 1 Elle hoch geworfen und die Arbeiter behaupten aus einer langen Erfahrung, daß der Mist von den Hengsten der beste sey. Sie müßen aber den Mist von den Wallachen zu Hülfe nehmen, weil jener nicht zureicht, allein vor dem Mist der Stutten hüten sie sich sorgfältig, weil er, nach ihrer Aussage, das Bley nicht calcinirt. Auf den Mist werden die gefüllten Töpfe in verschiedenen Reihen neben einander gesetzt und in jeden Topf wird ein halbes Nößel Biereßig gegossen. Der stärkste ist jederzeit der beste und daher würde der Weineßig hiezu am brauchbarsten seyn, wenn nur der festgesetzte Preis des Bleyweisses die Kosten wieder einbrächte. Ueber dem Eßig paßt der Arbeiter in die Töpfe ein Holz ein und auf dieses wird die Bleyrolle gesetzt und der Topf mit einer Bleyplatte bedeckt. Jeder Topf muß auf allen Seiten mit Mist umgeben werden und über alle Reihen wird gleichfalls Mist geworfen und das ganze Lager mit Brettern bedeckt. Auf diese Bretter kann man wieder Mist auftragen und auf die vorige Art ein neues Lager von Töpfen und Mist aufhäufen und so lange fortfahren, bis das Gebäude ausgefüllt ist. In dieser Fabrik calcinirt man in jedem Lager von Töpfen 3 Centner Bley. Der Mist muß nicht zu naß und auch nicht zu trocken seyn, wenn er gehörig wirken soll. Daher wird er, während daß die Töpfe in dem Mist stehen, fleißig begossen. Die Hitze des Mistes erhitzt den Eßig, löset ihn in Dünste auf und diese dringen in das Bley und verwandeln es in einen weissen

weissen Kalk. Im Durchschnitt stehen die Töpfe 3 Wochen in dem Mist, allein diese Zeit kann, nach der Güte des Eßigs und des Mistes, kürzer und auch länger seyn. Bey dem Herausnehmen der Töpfe aus dem Mist findet man statt des Bleys in und auf dem Topf, denn beydes calcinirt sich, einen weissen Kalk, auf dem etwas bäuliches hervorscheint. Beydes, die Tafeln auf den Töpfen und die Rollen sind alsdenn ganz, allein sie zerfallen in den Händen in kleine Stücke. In schlechtem Mist bekomt der Kalk schwarze Flecke, die man abnehmen muß, und zuweilen ist das Bley sogar nur weiß angelaufen und die Fabrik sieht sich alsdenn genöthigt, dies letztere wieder einzuschmelzen. Das Schieferweiß soll merklich schwerer seyn, als das Bley, woraus es entstanden. Man verkauft es so wie es aus den Töpfen komt, an die Mahler, das mehreste wird aber auf der Mühle Fig. X. gerieben.

B. Die Fabrik **reibt** diesen Kalk zwar auch unvermischt, allein gröstentheils erhält es auf der Mühle einen Zusatz von Kreide. a) Das reine Schieferweiß schüttet man blos auf den obersten Mühlstein Fig. X. 22., benetzet es mit Wasser und wiederholt dies zum öftern während daß es gemahlet wird. Es läuft durch die Rinnen von dem obersten Steine zu den drey übrigen und wird von allen vier Steinen völlig zermalmt. Von dem letzten

Reibsteine läuft es durch eine Rinne 27. in ein hölzernes Gefäß 28. und aus diesem wird es in die schon erwehnten kleinen dreykantigen Formen von Thon geschöpft. In diesen steht es so lange, bis es zusammenhält und alsdenn wird es auf den Brettern eines hölzernen Gestells in der Luft getrocknet. Nach Beschaffenheit der Witterung verfliessen 2 bis 6 Wochen, ehe es völlig trocken ist. Man wickelt es endlich in blau Papier zum Verkauf. Ist es aber vor dem Einwickeln nicht völlig ausgetrocknet, so wird es in dem Papier roth. b) Die holländischen und engländischen Fabriken nöthigen die hiesigen, ihr Schieferweiß größtentheils mit Kreide zu versetzen und diese Mischung heißt alsdenn vorzüglich **Bleyweiß**, ohnerachtet auch das zermalmte Schieferweiß diesen Namen erhält. Man mahlt nemlich $\frac{2}{3}$ Schieferweiß und $\frac{1}{3}$ Kreide mit einander und verfährt hiebey, wie bey dem unvermischten Schieferweiß. Die Kreide wird vorher zerschlagen und es müssen alle Steine ausgelesen werden. Beym Mahlen muß man diese Vermischung gleichfalls mit Wasser begiessen und es wird auch wie das Schieferweiß geformt und getrocknet. Ein Centner Bleyweiß kostet 9 Rthlr. und das Schieferweiß 12 Rthlr.

Anm. 1) Das Schieferweiß läßt sich auf den gewöhnlichen Reibsteinen der Mahler schwer zerreiben und es würde diesem Künstler angenehm seyn, wenn man ihm diese Arbeit durch Maschinen erleichterte. Demohnerachtet wagt er es

nie,

nie, zerriebenes Schieferweiß zu kaufen, weil er stets eine Beymischung der Kreide besorgen muß und dies giebt eine gelbliche Farbe. Das Schieferweiß hat auch in der Heilungskunst seinen Nutzen.

2) Es wird der Jugend nützlich seyn, auch den anderweitigen Gebrauch des Bleys im gemeinen Leben kennen zu lernen und folgende Anmerkung soll daher das Nöthige erzehlen.

a) Die **Bleykugeln**, zum Gebrauch der Truppen, werden in einer zweytheiligen Form, aus Schiefersteinen gegossen. Die beyden viereckigten Hälften einer solchen Form bilden zusammengesetzt einige kugelrunde Löcher und für jedes Loch eine Gießröhre, die eine Rinne vereinigt. Die Form wird mit Speck beschmiert, zwey Klammern halten beyde Hälften zusammen und man schöpft das Bley mit Gießlöffeln aus einem grossen Kessel und gießt es in die Form. Die herausgenommenen Kugeln sitzen an Zapfen und diese an einem Stück Bley, welches in der Gießröhre und in der Gießrinne entstehet. Man muß daher die Kugeln von den Zapfen mit einer Zange abnehmen.

b) Die **Bleyasche** verfertigt man, wie die Zinnasche und hievon wird der nächste Abschnitt reden. Sie wird zum Poliren verbraucht.

c) In Berlin wird bis jetzt noch nicht **Mennige**, eine bekannte rothe Farbe, verfertigt, sondern die hiesigen Kaufleute lassen sie aus England und vorzüglich von Nürnberg kommen, weil diese viel Vorzügliches hat. Man verfertigt sie aus Zinnasche oder aus zerstossener Glätte. Beydes wird in einen Ofen geschüttet, der die Einrichtung hat, daß man auf beyden Seiten Feuer mit nassem Holz anzünden und durch einen Zug der Flamme und dem dicken Rauch die Richtung geben kann, daß beydes über die Bleyasche oder Glätte wegstreicht.

Man rührt die Bleyasche beständig mit einer Krücke um, damit sie nicht schmelze. Durch die Vereinigung des Russes mit der Bleyasche entstehet eine gelbe Farbe, die man **Bleygelb**, oder Masticot nennt. Bleibt dieser gelbe Kalk länger unter der Glut, so verwandelt er sich in Mennige, die $\frac{1}{10}$ schwerer ist, als die aufgeschüttete Bleyasche. Der Herr von Justi unterscheidet das Bleygelb von dem Masticot und läßt den Masticot aus Bleyweiß auf eben die Art entstehen, als die Mennige aus Bleyasche. S. des Hrn. v. Justi Abhandl. von Manuf. und Fabr. 2 Th. S. 522. Ein Centner Mennige kostet in Berlin 8 Rthlr.

D. Der jetzige Besitzer der beschriebenen Bleyfabrik, Herr Büring, hat sie von dem Commercienrath, Herrn Schneider, an sich gekauft und der letzte legte sie 1756 an. Der Eigenthümer läßt alle Arbeiten blos durch Taglöhner verrichten, die sich zum Theil durch die Uebung eine gute Kenntniß in den Verrichtungen dieser Art erworben haben.

Dritter Abschnitt.

Der Zinngiesser.

A. Inhalt. In der Werkstätte dieses Professionisten werden zinnerne und bleyerne Gefässe von mannigfaltiger Art verfertigt, die man vorzüglich auf dem Tische, aber auch zu andern Bequemlichkeiten in der menschlichen Gesellschaft gebraucht. Der Zinngiesser schmelzt sein Metall in Schmelzkesseln und Schmelzlöffeln und gießt größtentheils in messingenen Formen. Cirkelrunden Gefässen giebt er auf der Drehlade ein gefälliges Ansehen, ovalen, platten und eckigten Geschirren aber durch das Schaben und durch die Polirsteine.

B. Die **Materialien** des Zinngiessers:

a) Die Benennung dieses Abschnitts sagt schon, daß das **Zinn** (♃) dasjenige Product der Erde ist, mit dessen Bearbeitung sich der Zinngiesser vorzüglich beschäftigt. Ein jeder weiß, daß dies weisse Metall von Natur weich, biegsam, wenig elastisch ist und einen unmerklichen Klang hat. Allein man kann ihm durch einen Zusatz von andern Metallen Elasticität und Klang geben. Es ist unter allen Metallen am leichtesten und es wird,

 wenn

wenn es rein ist, durch die Luft und durch das Wasser wenig verändert. Allein im Feuer verraucht es zum Theil und das übrige läßt sich durch die Hitze in eine graue Asche verwandeln, die endlich verglaset. Nach der Absicht dieses Buchs ist noch von diesem Metall zu bemerken:

A. Es wird vorzüglich in Böhmen, Sachsen und England aus der Erde aufgebracht, aber nicht gediegen, sondern in Erzen. Unter den Arten des Zinns, die in Europa gefunden werden, gesteht man dem englischen den Vorzug zu. Vielleicht nur deshalb, weil es besser gereinigt ist, als das übrige. Es ist bekannt, daß das Zinn kleine Eisentheile bey sich führt und der Zinngiesser weiß am besten, daß diese das Zinn spröde machen und beym Abdrehen hinderlich sind. In dem englischen Zinn finden sich aber diese fremden Theile am wenigsten. Der Zinngiesser nennt diese Eisentheile **Dornen**. Das englische Zinn komt zu uns in Blocken und Stangen. Die erstern sind vierkantige Zinnstücke 2 Fuß lang, 1 Fuß breit und 8 Zoll dick und wiegen insgemein 3 Centner. Der Centner von diesem kostet 30 Rthlr. Das Stangenzinn unterscheidet sich von dem vorigen nicht weiter, als daß man es in einzelnen Pfunden erhalten kann und daß es etwas theurer verkauft wird, weil es mühsamer ist, es in so kleine Stücke auszugiessen. Das sächsische und böhmische Zinn führt den Namen

des

des Berg- oder Ballenzinns, weil die Hütten es in zusammengerolleten Tafeln verschicken. Dies reicht aber nur zu dem Gebrauch der Länder hin, wo man es findet und die hiesigen Zinngiesser verarbeiten blos das englische Zinn. Ueberdem wird noch über Holland ein Zinn aus Ostindien zu uns gebracht, das Malacker oder malackische Zinn. Dies ist glänzender, leichtflüßiger und zäher, als alle übrige Arten und wird auch wegen dieser vorzüglichen Eigenschaften etwas theurer bezahlt. Der Deutsche bedient sich dieses Zinns blos zur Spiegelfolie und zur Scharlachfärberey. Zu dem letztern Gebrauch verwandelt es der Zinngiesser auf dem Drehrade in kleine Späne.

B. Das Zinn wird im Feuer, vor dem Glüen, flüßig. Im Fluße hat es erst eine weisse Farbe, bey einem stärkern Grad der Flüßigkeit wird es gelblich, und ist es am flüßigsten, so spielt es eine blaue Farbe. Ueberläßt man es in diesem letztern Zustande noch länger der Glut des Feuers, so zerfällt es in ein Mehl, das man **Zinnasche** nennt. Es läßt sich, wegen seiner Zerbrechlichkeit, nicht gut unter dem Hammer strecken oder ausziehen, doch aber noch mehr, als das Bley. Durch die Beymischung der übrigen härtern Metalle wird das Zinn spröde und daher darf der Zinngiesser nicht zu viel Kupfer zu diesem Metall hinzusetzen. Die Eigenschaft, daß es andern Metallen einen Klang giebt, macht es geschickt ein Bestandtheil der Glockenspeise zu seyn. Durch das Quecksilber läßt es sich unter allen Metallen am leichtesten amalgamiren und aus diesem Amalgama entsteht die **Spiegelfolie.**

C. Der Zinngiesser verarbeitet dies Metall nie unvermischt, sondern er setzt jederzeit einige Metalle oder Halbmetalle hinzu. Diese fremden Theile nennt er **Versatz**. Die hiesigen Zinngiesser dürfen nur eine doppelte Vermischung verarbeiten:

a) Das sogenannte **englische Zinn** entsteht aus reinem englischen Zinn und etwas Kupfer und Wißmuth, oder auch blos aus Zinn und Kupfer. Beynahe ein jeder Zinngiesser hat seinen eigenen Versatz, alle aber folgen der Regel, daß sie zu dem weichsten Zinn mehr hinzusetzen, als zu dem härtern. Das sächsische Zinn erhält daher den mindesten Versatz, weil es am härtesten ist. Ein hiesiger geschickter Zinngiesser rechnet bey seinem Versatz auf 1 Centner des weichsten Zinns 2 Pfund Kupfer und etwas Wißmuth. Andere nehmen dagegen zu 1 Centner blos $2\frac{1}{2}$ Pfund Kupfer. Ein jeder Zinngiesser folgt hiebey seinen eigenen Bemerkungen, wenn er bestimmen will, bey welcher Beymischung er die Absicht am besten erreicht, weshalb er dem Zinn diesen Versatz giebt.

Sie

Sie behaupten nemlich, daß sich das Zinn ohne diesen Zusatz nicht gut verarbeiten lasse. Dies ist gewiß, daß das Zinn hiedurch eine erhöhte weisse Farbe, einen Klang und eine grössere Dichtigkeit erhält. Wahrscheinlich läßt es sich auch mit Kupfer vermischt besser auf dem Drehrade poliren. Der Zinngiesser macht das Zinn in einem grossen Schmelzkessel und das Kupfer in einem Schmelztiegel auf dem Windofen flüßig, wenn er dem Zinn seinen Versatz geben will, und gießt das Kupfer zu dem Zinn, wenn beydes gehörig flüßig ist. Verarbeitet erhält dies Zinn drey Stempel, einen Engel, das Wapen der Stadt, wo es verarbeitet wird und eine Devise mit dem Namen des Meisters und der Zahl des Jahres, worin er sich das Meisterrecht erworben hat. Daher nennt man es auch das dreystemplichte Zinn.

Anm. Einige Zinngiesser nehmen zum Versatz auch Messing, allein es macht das Zinn spröde. Das Schlackenwaldische Zinn bringt seinen Versatz schon mit von der Hütte und wird größtentheils im Carlsbade verarbeitet. Alle Zinngiesser behaupten mit grossem Eifer, daß sie keinen Arsenik, oder irgend etwas, so der Gesundheit schädlich sey, unter das Zinn mischen. Die hiesige Policey will sich aber hievon noch nicht völlig überzeugen lassen.

Die zweyte Mischung des Zinns, die in der Mark gebräuchlich ist, nennt man das **Probezinn.** Man nimt hiezu gleichfals reines

nes englisches Zinn und giebt ihm einen Versatz von Bley. Allein solte das Bley wol das Zinn zum Verarbeiten geschickter machen? Ohnstreitig hat blos der wohlfeilere Preis diese Vermischung veranlasset. In Berlin nehmen die Zinngiesser nur 1 Pfund Bley zu 10 Pfund Zinn zum Probezinn und es heißt daher auch das **zehnpfündige Zinn.** Die beyden Metalle werden in einem Schmelzkessel zugleich geschmolzen. Der Profeßionist ist aber gehalten, das verarbeitete Probezinn jederzeit mit dem Stempel seiner Stadt und mit seinem Namen zu bezeichnen, damit beydes ihn verrathe, wenn er, wider die Gesetze, zu viel Bley hinzugesetzt hat. In eben der Absicht hat der Staat die Einrichtung getroffen, daß jeder Meister, bey den vierteljährigen Zusammenkünften dieses Gewerks, dem Altmeister eine Probe von allen seinen Mischungen des Probezinns vorlegen muß. Dies nöthigt ihn, bey jeder neuen Zusammensetzung genaue Prüfungen anzustellen. Die Zinngiesser besitzen zwey kleine Schiefertafeln, etwa einen Zoll ins Gevierte, die genau an einander schliessen und in den untersten ist eine Vertiefung, nach dem Abschnitt einer Kugel, mit einer Giesrinne (Giessel) gemacht. Beym Gebrauch liegt der obere Schiefer auf der ausgehöhlten Fläche und beyde werden zwischen zwey Bretter durch einen Tischerzwinger zusammengepreßt. Die Vertiefung des Schiefers füllet der Zinngiesser mit seinem

flüssi-

flüssigen Probezinn aus und schneidet nach dem Erkalten das Ueberflüßige, so durch die Gießröhre entsteht, ab. Hierauf erforscht er die Probe auf einer Goldwage. Er wiegt es nemlich mit einem Stück Probezinn, das völlig die Gestalt und Grösse seiner Probe hat und das genau nach dem Fuß des Probezinns verfertigt ist. Ist sein neuer Guß schwerer, als das Probegewicht, so führt sein flüssiges Metall zu viel Bley bey sich. Ist es aber leichter, so kann er noch etwas Bley hinzusetzen. Ein jeder sieht leicht, daß die neue Mischung nur alsdenn die gehörige Probe hält, wenn beyde Stücke im Gleichgewicht stehen. Diese Probestücke wiegt der Altmeister bey den Quartalversammlungen von neuen.

Anm. 1) Das Rosenzinn bekommt auf 15 Pfund Zinn 1 Pfund Bley zum Versatz und wird in Preussen und in Leipzig statt des englischen Zinns verarbeitet. In Polen, Preussen und im Reiche verarbeiten die Zinngiesser auch ein dreypfündiges Zinn, das aus einem Theile Bley und zwey Theilen Zinn besteht. Der starke Zusatz des Bleys giebt aber diesem Zinn eine schwärzliche Farbe.

2) Gewöhnlich schmelzen die Zinngiesser nur das alte englische und Probezinn wieder ein, welches man in ihren Werkstätten angiebt und nur selten machen sie eine neue Mischung. Unterdessen sind doch im vorigen Kriege, da der grosse Haufe einen Ueberfluß am Gelde hatte, eine ziemliche Anzahl neuer Blöcke in Berlin eingeschmolzen worden. Verbrauchen sie altes Probezinn, so haben sie nicht nöthig, eine Probe aufzubehalten.

D. Die weisse Farbe ist die Probe von der Güte des unvermischten Zinns, wenn es auf ein Eisen ausgegossen ist. Beym Schmelzen entdeckt der Zinngiesser gleichfalls die guten Eigenschaften seines Metalls, wenn es leicht flüssig wird. Das Ballenzinn ist alsdenn gut, wenn es durchgängig eine weisse Farbe und nicht weisse vorscheinende Flecke hat. Im letztern Fall ist es unrein und hart.

b) Den Gebrauch des **Kupfers** und des **Wißmuths** zum Versatz kennt der Leser schon aus dem Vorigen. Der Wißmuth, ein gelbliches, leichtflüssiges und sprödes Halbmetall, erhöht die Farbe des Zinns und macht es flüssiger. Dieser Eigenschaft wegen gebrauchen es auch einige Zinngiesser zum Löthen, welches sie daher **Wißmuthen** nennen.

c) Das **Bley** dient dem Zinngiesser zum Versatz beym Probezinn, ausserdem aber auch zu Formen, zum Versatz beym Schnelloth und zu verschiedenen bleyernen Waaren.

d) Den **Zink** werfen die Zinngiesser nur alsdenn in das flüssige Zinn, wenn ein gegossenes Stück nach dem Erkalten gelbliche Flecke bekomt.

e) Diejenigen Zinngiesser, welche sich ihre messingenen Formen selbst giessen, müssen das **Messing** gleichfalls zu ihrem Einkauff rechnen.

f) Aus

f) Aus **Sandsteinen** und **Gyps** machen sie Formen und

g) Der **Salmiak**, ein Mittelsalz, wird von ihnen beym Löthen verbraucht.

C. Die Werkzeuge des Zinngiessers.

a. Der **Windofen** ist ein kleiner Feuerheerd, in dessen Mitte man ein Loch gemauert hat, das etwa 2 Fuß lang und tief und 1 Fuß breit ist. Das Mauerwerck umschließt dies Loch nur an 3 Seiten, denn vorne ist es offen. In der Mitte der Tiefe dieses Lochs liegt ein Rost, der die Asche von den Kolen auf dem Rost abführt. Erlaubt es der Raum, so mauert man über dem Schmelzofen auch wol einen kleinen Rauchfang. Vor diesem Windofen verrichtet der Zinngiesser seine **Feuerarbeit**, oder das Schmelzen, Löthen rc. Vor dem Ofen liegt ein **Sandstein**, worauf die Schlacken von den Lothkolben abgerieben werden.

b. An der einen Seite des Brennofens steht eine **Banke**, oder ein blosses Brett mit einer Unterlage. Vorne ragt vor der Banke ein kleines Brett hervor, das der Zinngiesser den **Feilnagel** nennt. Dies Brett trägt die zinnerne Gefäße, wenn man sie befeilet oder verlöthet. Neben der Banke steht ein kupfernes Gefäß mit Wasser, welches in dieser Werkstätte das **Kühlwasser** heißt.

heißt. Hiezu gehört noch eine **Kühlquast**, oder ein leinenes Tuch an einem hölzernen Stiel. Die Löthkolben werden hiemit abgewaschen, und beym Giessen muß dies Wasser gleichfals bey der Hand seyn. In andern Gefäßen auf der Banke ist Asche, die Tünche zu den Formen, und **Lohe** oder Holzmehl aus den verfaulten Eichen. Endlich gehört noch zu der Banke ein Gefäß mit Thon angefüllt. Der Zinngiesser begießt ihn alle Abend mit Wasser und knetet ihn des Morgens auf einem Brett. Wenn der Thon nicht mehr an den Fingern hängen bleibt, denn ist er zu dem mannigfaltigen Gebrauch in dieser Werkstätte tauglich.

c. **Gießlöffel**, halbe Kugeln von geschmiedetem Eisen, an einem eisernen Stiel mit einem hölzernen Griff, besitzt dieser Professionist von verschiedener Größe. Der kleinste hält 1 Pfund Zinn, und die grössern fassen jederzeit ein Pfund mehr, als der kleinere, der ihm an Grösse am nähesten ist. Fig. I.

d. Ein gegossener eiserner **Schmelzkessel** Fig. II. der, wenn er sehr groß ist, auch wol unter einem Rauchfang, wie die Braukessel, eingemauert wird. Das Holz liegt unter dem Kessel auf einem Rost, und man kann das Loch, wodurch angefeuert wird, mit einer eisernen Thüre verschliessen. In einem solchen

solchen Kessel muß wenigstens 1 Block Zinn können geschmolzen werden.

e. Der Zinngiesser gebraucht eiserne und kupferne Kolben. Die **eisernen Kolben** Fig. III. sind vierkantig, und vorne spitzig oder auch breit und der Zinngiesser brennt mit einem solchen erhitzten Kolben das Ueberflüßige von einem gegossenen Geschirr ab. Man verzinnt sie, wenn sie zum erstenmal gebraucht werden und das Zinn ist alsdenn auf immer mit dem Eisen vereinigt, ohnerachtet die Kolben beynahe beständig im Feuer liegen. Die **kupfernen Kolben** Fig. IV. kupferne Hammer mit einer Pinne an einem eisernen Stiel und hölzernen Griff, sind dem Zinngiesser beym Löthen nothwendig. Sie werden zwar gleichfals, wenn sie neu sind, verzinnt, allein das Zinn brennt bald von dem Kupfer ab, und daher muß das Verzinnen oft wiederholt werden. Ueberdem frißt das englische Zinn auch Löcher in das Kupfer, und alsdenn wird die Pinne dieses Kolbens wieder auf dem Amboß geschärft.

f. **Raspeln** und **Feilen** von verschiedener Größe und Gestalt, feine und grobe. Mit den erstern ebnet er die Stellen, wo er etwas mit den eisernen Kolben abgebrannt hat. Der Feilen bedient er sich beym Poliren ovaler Sachen, und bey Verfertigung feiner messingenen Formen zum Giessen.

g. Die

g. Die Meißel von verschiedener Grösse stechen das Ueberflüßige ab, wenn er kleine Theile angelöthet oder angegossen hat.

h. Der Gebrauch der gewöhnlichen und der Bauchzirkel ist bekannt genug. Mit dem **Dickzirkel** Fig. V. erforschen die Metallarbeiter die Metalldicke eines hohlen Gefässes, z. E. in dem Bauche einer Terrine Die beyden krummen Schenkel dieses Cirkels schliessen auf beyden Seiten dicht an einander, wenn man nichts mit denselben ergreift. Faßt aber der Metallarbeiter mit den beyden Schenkeln 1. die Metalldicke eines Gefässes, so zeigt ihm der Abstand der Schenkel auf der andern Seite 2. die Stärke seines Metalles.

i. Des **Schraubestocks** bedient sich zwar der Zinngiesser auch beym Abfeilen des Zinns, vorzüglich aber hält er hiemit die Eisen fest, womit er das Zinn abdrehet oder drechselt, wenn er sie härten, abfeilen und abschleifen will. Kleinigkeiten spannt er in einen Handschraubestock, den **Feilkloben**.

k. **Zangen** von verschiedener Größe, Feuerzangen, Kneipzangen, Spitzzangen.

l. Die **Drehlade** oder das Drehrad Fig. VI. Man drechselt, oder mit dem Professionisten zu reden, **drehet** mit dieser Maschine cirkelrunde Gefässe. A. Das Rad 1. welches

welches die Bewegung der Drehlade bewirkt, ruht auf einen 5 bis 6 Fuß langen Kranz oder Schragen 2. von Holz, der vier hölzerne Füsse hat. Die beyden Latten der langen Seite des Schragens stehen nur 1 Fuß von einander. Das Rad hat 5 Fuß im Durchmesser, und auf seiner eisernen Spindel steckt vorne zum Drehen eine Kurbel 3. Damit man aber der Spindel und zugleich dem Rade verschiedene Oerter auf dem Schragen anweisen könne, so läuft die Spindel nicht unmittelbar auf dem Kranz, sondern auf jeder langen Latte des Kranzes liegt ein besonderes Holz 2. mit den Pfannen für die Spindel, und die Hölzer kann man durch Schrauben an verschiedenen Oertern auf dem Kranze befestigen. Dies ist nur alsdenn vortheilhaft, wenn die Schnur 6. reißt, aber noch zu gebrauchen ist. Das Rad muß schlechterdings nicht schwanken, wenn das Zinn, welches man abdrehen will, einen gleichförmigen Gang an der Drehlade behalten soll. Daher hat die Spindel an den Stellen, wo sie in den zinnern Pfannen der beyden gedachten Hölzer liegt, eiserne Knöpfe, und in den Pfannen ist eine Aushöhlung, worin sich die Hälfte eines kugelrunden Knopfs genau paßt. Auf beyden Seiten der Pfannen stehen zwey starke eiserne Platten 4. und zwischen ihnen liegt auf der Pfanne ein viereckigtes Stück Zinn, in welchem unten für die andre Hälfte der Knöpfe ein Loch ausgehöhlt ist. Durch die beyden Eisen 4. und das Zinn geht ein horizontales Loch, wodurch man einen eisernen Keil stecken kann. Hiedurch erhält der Zinngiesser den Vortheil, daß er das Zinn abnehmen und wieder befestigen kann. In das Zinn ist oben ein Loch gebohrt, damit man die Knöpfe mit Baumöl einschmieren kann, ohne das Zinn abzunehmen. Beydes, das Zinn und die beyden Eisen bedeckt eine bleyerne Kapsel, die den Staub und allen Abgang beym Abdrehen von den Knöpfen abhält. B. Durch die gedachte Schnur 6. und eine hölzerne kegelartige Schnecke 7. mit vier Reifen bewegt das Rad eine zweyte Spindel. Man siehet leicht, daß durch die vier Reifen der Schnecke die Darmschnur gespannt wird. Die Spindel hat für jede Pfanne gleichfals einen Knopf, und die Knöpfe sind auch auf eben die Art bedeckt, wie bey dem Rade. Vorne ragt die Spindel etwas vor der Pfanne hervor, und dieser vorstehende Zapfen ist vierkantig, und an dem vordern Ende etwas schmaler als hinten. In der Zeichnung verbirgt das Auge 8. diesen Zapfen. Das Auge ist ein meßingener Cylinder, der hinten mit einem zinnernen Cylinder 9. zusammen gegossen ist. In der Grundfläche dieses letztern ist ein viereckigtes Loch, das sich genau auf den vorgedachten Zapfen passet. Die vorderste

Grund-

Grundfläche 8. des meßingenen Cylinders aber ist nach einem Cirkel ausgehöhlt, und in dieser Vertiefung sind auf der Seite Schraubengänge. Der Zinngiesser schraubt hiedurch kleine Stöcke 10. an das Auge, und daher ist an den Stöcken hinten ein runder Zapfen. Weiter unten werde von diesen Stöcken weitläuftiger reden. Die Gestalt dieses Auges ändert sich zuweilen ab, z. B. das Auge, worauf die Lampenstiele beym Abdrehen gesteckt werden, hat vorne keine Schraubengänge, sondern dagegen eine Spitze 11. Einige andere Abänderungen dieses Theils der Drehlade wird man in der Zeichnung unter dem vorigen entdecken. Zuweilen nimt der Zinngiesser das Auge ab, und steckt dagegen einen großen hölzernen Stock z. B. zu einer Schüssel, auf den Zapfen. C. Unter dem Auge steht eine starke Bank 12. die mit dem Kranz 2. einen rechten Winkel macht. Sie ist 6 Fuß lang, aber kaum einen Fuß breit. Ohngefehr 1 ½ Fuß von dem Schragen hat man auf der Banke einen viereckigten Einschnitt 13. ausgemeißelt, der 3 ½ Fuß lang und 5 Zoll breit ist. In dieses Loch wird der Zapfen der Docke 14. gesetzt. Dies starke Holz ist mit seinem obern horizontalen Kloß 15. 3 Fuß lang, ½ Fuß dick, und seine Höhe richtet sich nach der Lage des Auges. Es kann in dem Einschnitte der Banke verschoben und durch Keile 16. wieder befestigt werden. Durch das obere Querholz der Docke ist, in gerader Linie mit der Spindel, woran das Auge steckt, ein Loch gebohrt, wodurch der Zinngiesser einen Stock, den Börtelstock, steckt, und ihn beym Abdrehen an einem Teller oder Schüssel stellt. Durch ein Eisen 17. vor dem Loche, das der Klinke an einer Thüre gleicht, verhütet der Zinngiesser, daß der Stock nicht zurück weicht. Man sieht leicht, daß dieses Eisen nicht hindert, den Stock wieder abzunehmen. Auf der Docke und auch auf dem gegenüber stehenden Theile des Kranzes sind Stifte 18. eingeschlagen, in der Entfernung von 1 ½ Zoll. Zwischen diesen Stiften liegt beym Drehen das Richtscheid 19., ein starker Stab. Es hat die Bestimmung, die Dreheisen 22. zu tragen, und damit sie der Zinngiesser desto fester halten kann, so schlingt er um das Richtscheid und zugleich um das Dreheisen einen Riemen 20. und hält das Dreheisen mit dem Fuß in dem Steigbügel 21. fest. Die Lage des Richtscheides verändert der Zinngiesser nach Beschaffenheit der Umstände, z. B. wenn er den Boden eines Gefässes abdreht, so muß er diesen Stab zwischen die äussersten Stifte 24. legen, damit er zu dem Boden kommen könne. Auf der Docke steht ein Gefäß mit Seiffwasser 24. und über dem Kranz liegen auf Latten 23. die Dreheisen.

Anm. Einige Gelb- und Rothgiesser lassen in der Docke 14. statt des Börtelstocks eine

eiserne

eiserne Schraube anbringen, und dies ist in der That vortheilhafter. Die Schrauben müßten bey dem Zinngiesser nur von Holz seyn. Eben diese Profeßionisten besitzen auch eine Drechselbanke, die nur wenig von der Drehbanke der Drechsler abweicht, und ich sehe keine andere Ursache, warum sich die Zinngiesser nicht eben dieses Vortheils bedienen, als weil der eine Fuß beym Drehen in den Steigbügel gesetzt werden muß. Es scheinet aber, daß sich diese Schwierigkeit auch heben liesse.

m. Ein zinnernes Geschirr, das der Zinngiesser abdrehen will, wird an einem Holze befestigt, das der Zinngiesser einen **Stock** nennt. Die Gestalt des Stocks richtet sich nach der Arbeit, die der Stock halten soll, und daher muß der Zinngiesser für jede Art seiner Waaren einen besondern Stock besitzen. Man wird sich von diesem Werkzeuge aus einigen Beyspielen hinreichend einen Begriff machen können. A. Ein Stock zu einem Teller oder Schüssel Fig. VII. ist ein hölzerner Cylinder, dessen Durchmesser, wenn es ein Tellerstock ist, 1 Fuß, seine Höhe aber ½ Fuß beträgt. Auf der einem Grundfläche dieses runden Holzes drechselt der Zinngiesser mit eben den Dreheisen, die er beym Abdrehen des Zinns gebraucht, eine Vertiefung nach der Figur des Tellers aus, daß er dies Geschirr völlig mit seinem Boden einsetzen kann. Will er aber die Fläche des Bodens, worauf der Teller beym Gebrauch steht, abdrehen, so kehrt er den Teller um, und der obere Rand des Tellers schließt sich alsdenn nur an den Stock an. Der Professionist befestigt an dem Rande dieser Vertiefung 3 Stücken Zinn 1. 2. 3. nach einem Dreyeck, und giebt jedem Stück Zinn, nach der Vertiefung des Stocks zu, einen runden Einschnitt. Dies nennt man das Schloß des Stocks, und der Teller wird zwischen dieses Schloß gepreßt, damit er von dem Stock beym Drehen nicht abfliehe. In dem Mittelpunkt der andern Grundfläche des Stocks bohrt der Zinngiesser ein Loch, macht es mit einem glüenden vierkantigen Eisen viereckigt, füllt dieses Loch mit Zinn aus, und brennt von neuen ein viereckigtes Loch in das eingegossene Zinn, damit er den Stock auf den Zapfen der Spindel an der Drehlade, statt des Auges Fig. VI. 8. aufstecken könne. Endlich giebt er dem Stock ein Zeichen, wie er auf dem Zapfen gesessen hat, da er ihn durch die Dreheisen bildete, damit er ihn beym Gebrauch auf eben die Art wieder aufstecke. Auf diese Art erhält das Zinn, welches er abdrehen will, eben die Richtung, die der Stock beym Abdrehen hatte, und es bekomt beym Abdrehen durchgängig eine gleiche Dicke. B. Es ist bereits oben gesagt, daß auf dem Auge der Drehlade Fig. VI. 8. ein kleiner Stock steckt. Auf demselben ist ein Deckel zu einem Glase angebracht. Die vordere Grundfläche eines solchen Stocks ist abgerundet, und der Deckel wird

auf

auf dieses runde Holz gesetzt, wenn der Zinngiesser ihn abdrehen will. Er bestreicht vorher den Stock mit Kreide. An der andern Grundfläche drehet der Zinngiesser an den Stock einen runden Zapfen, und hiemit schraubt er ihn an das hohle Auge an. Grosse Stöcke werden aus Lindenholz, kleinere aber auch aus Erlenholz gedrehet.

n. Zu der Drehbanke gehören auch verschiedene Arten von **Dreheisen**. Auf der Kupferplatte Fig. VIII. wird man 5 Stück entdecken. 1. und 2. sind **Hackeisen**. Diese Eisen haben vorne eine winklichte Spitze mit zwey Schärfen, und die Spitze macht mit ihrem Stiel, woran ein hölzernes Heft sitzt, einen Winkel. Andre 3 haben vorne eine dreykantige Spitze und der Zinngiesser drehet gewöhnlich mit diesen Eisen. 4. ist ein **Bodeneisen**, und hat vorne nur eine Schärfe. Diese letztere sind gleichfals bald gerade, bald nach einem Winkel gebogen. Sind diese Eisen vorne abgerundet, so nennt man sie **Rundeisen** 5. Der Zinngiesser drehet mit ihnen die Ausbauchung an dem Boden der Schüsseln und Teller ab. Wiewohl, es würde zu weitläuftig seyn, alle Abänderungen dieser Eisen zu erzehlen, zumal da sie der Zinngiesser in so grosser Anzahl besitzt. Er schmiedet und richtet sich diese Eisen selbst, wie es zu seinen verschiedenen Zwecken am vortheilhaftesten ist, und härtet sie hernach in Seiffwasser. Die stumpf gewordenen Schneiden dieser Eisen feilet er ab, wenn er sie vorher in den Schraubestock gespannt hat, schleifft sie auf einem grossen Drehschleiffstein, und zieht sie mit einem feinern Handschleiffstein ab. Dies letztere ist alsdenn vorzüglich nöthig, wenn er beym Drehen die letzte Hand an ein Stück legen, und es völlig glätten will. Bey den Dreheisen liegen noch einige **Feilen, Bohrer**, die an das Auge der Drehlade können angeschroben werden, und eine **Pritsche**, oder ein schmales Brett mit einem Griff, womit man die zinnerien Gefässe auf dem Stock fest schlägt. Vorzüglich gehören noch zu der Drehlade:

o. Die **Polirsteine**, runde, halbrunde, ovale und kantige Feuersteine, oder auch Steine, die man in der Kreide findet. Sie werden in einer Hülse an einem hölzernen Stiel befestigt. Fig. IX. bezeichnet zwey Arten dieser Steine, einen ovalen und einen kantigen. Mit diesen Steinen reibt der Zinngiesser sein Metall ab, wenn die Dreheisen bereits alles Unebene abgenommen haben, und er bedient sich hiezu lieber der Steine, als des Stahls, weil sich dies letztere durch die kleinen Eisentheile im Zinn leicht abnutzet. Setzt sich auf diese Steine Schmutz, so reibt er ihn auf einen ledernen Riem ab.

p. Der Zinngiesser kann nicht in Sand oder Thon, wie die übrigen Metallarbeiter, giessen, weil das Zinn, wegen seiner ausserordentlichen Flüßigkeit, durch die kleinsten Zwischen-

räume

räume dringt, und weil er viele Stücke von einer Art zugleich gießt. Das wiederholte Formen würde zu weitläuftig seyn. Er gießt daher in Formen von Meßing, Steinen, Zinn, Bley, Gips und Thon, und er muß bey Verfertigung dieser Werkzeuge seine ganze Geschicklichkeit zeigen. Es ist daher nothwendig, hiebey etwas zu verweilen.

A. Die **meßigenen Formen** haben wegen ihrer Dauerhaftigkeit vor allen übrigen den Vorzug, und es ist nöthig, hievon ein doppeltes Beyspiel zu geben.

a. Solche Stücke, die nicht in der Mitte bauchig sind, z. B. Schüsseln, Teller, Deckel, werden in Formen gegossen, die aus zwey Stücken, dem **Kern** und **Hobel** bestehen. Fig. X. ist der Kern und Fig. XI. der Hobel einer **Tellerform**. Auf der Grundfläche des Kerns ist in der Mitte eine Erhöhung, die einem umgekehrten Teller gleicht. Fig. X. 1. Im Gegentheil hat der Hobel eine Vertiefung nach der Tiefe eines Tellers Fig. XI. 1. Zwischen der vorigen Erhöhung des Kerns und der Vertiefung des Hobels bleibt ein Zwischenraum, wenn beyde Theile zusammengesetzt werden, und in diesem Raum bildet sich das eingegossene Zinn zu einem Teller. Der Zinngiesser nennt diesen Zwischenraum die **Dicke**. Die übrigen Theile ergeben sich aus dem Folgenden. Das Meßing zu diesen Formen wird in Formsand gegossen, und man weiß schon aus dem Abschnitt des Goldschmidts, daß hiebey Patronen oder **Modelle** nöthig sind. Daher muß der Zinngiesser eine Form von Zinn verfertigen, die in allen ihren Theilen der neuen meßingenen Form gleicht. Er gießt hiezu von Zinn zwey **Batzen** oder zwey Stücke Zinn, die schon ziemlich die Gestalt des Kerns und des Hobels haben. Zum Giessen der Batzen wählt er ein Gefäß, das sich hiezu am besten schickt, oder in Ermangelung dessen drehet er sich an der Grundfläche hölzerner Cylinder Vertiefungen zu beyden aus. Der Guß dieser Batzen muß aber jederzeit etwas stärker seyn, als zu der neuen meßingenen Form, weil auf der Drehlade, die diese Zinnstücke zu einem Kern und Hobel bildet, etwas abgeht, und weil das gegossene Meßing nach dem Erkalten schwindet. Man giebt zuerst auf dem Drehrade dem Kern seine tellerartige Erhöhung, und dem Hobel seine Vertiefung. Am sorgfältigsten muß er das sogenannte **Schloß** ausdrehen. Diesen Namen führt eine Falze an dem Rande des Kerns Fig. X. 2. und ein Ring oder ein aufgerichteter zinnerner Kreis auf dem Umfange des Hobels. Die Falze des Kerns muß sich genau in den Ring des Hobels passen, wenn beyde Theile zusammen gefügt werden. Das flüßige

Zinn

Zinn dringt beym Giessen sogleich durch, wenn beyde Theile nicht durchgängig an einander schliessen. Beym Abdrehen läßt der Zinngiesser ein vierkantiges Stück Zinn an dem Umkreise beyder Theile stehen, und aus diesen feilt er den **Gießel** Fig. X. und XI. 3. Er macht nemlich in beyde Stücke mit der Feile einen viereckigten Einschnitt 4. daß beyde Vertiefungen beym Zusammensetzen der Form auf einander fallen, und ein Loch bilden, welches das flüssige Zinn zu der **Dicke** führt. Mit diesem Modell formt der Gelbgiesser, oder auch, wie in Berlin, einige Zinngiesser, die sich blos hiemit beschäftigen, im Sande und gießt beyde Stücke aus Meßing. Den meßingenen Kern und Hobel vereinigt der Zinngiesser durch flüssiges Zinn mit einem Stocke Fig. VII. und drehet sie, wie das Modell, auf der Drehlade ab, ausser daß das gegossene Meßing schon der Forme gleicht, und nur auf dem Drehrade darf polirt werden. Er beschmiert hieben das rauhe Meßing mit Eßig und Thon. Die Dreheisen zum Meßing sind weiter nicht von den oben beschriebenen verschieden, als daß sie stärker müssen gehärtet werden. Der Zinngiesser muß beym Abdrehen zum öftern den Kern und den Hobel zusammensetzen und prüfen, ob er das Schloß und die **Dicke** genau getroffen hat. Die Dicke erforscht er mit Thon, den er in die Vertiefung des Hobels eindruckt, den Kern darauf setzt, und den Teller von Thon genau be-

trachtet,

trachtet, ob er durchgängig die erforderliche Dicke hat. Ohnedem eilt er wieder mit der Form zu der Drehlade. Endlich wird in die Form ein Teller von Zinn gegossen, wenn vorher die Giessel der Form Fig. IX. 3. mit der Feile polirt sind. Den gegossenen Teller zerstückt man mit einem eisernen Kolben Fig. III. nach seinem Durchmesser, und die Flächen, die hiedurch entstehen, feilt man ab, und erforscht, ob der Teller durchgängig gleich dick sey. Zugleich wiegt der Zinngiesser auch den Teller, ob er die festgesetzte Schwere hat. Alle Fehler verbessert die Drehlade. Nunmehro werden Kern und Hobel von dem Stock, woran sie angegossen sind, abgenommen, und man löthet an die äussern Flächen beyder Theile einen Angel an, worauf ein hölzernes Heft gesteckt wird, woran der Zinngiesser die erhitzten Formen beym Giessen anfaßt.

b) Bauchige Sachen können nicht in einer Form aus zwey Stücken gegossen werden, weil man aus solchen Formen den Guß nicht herausnehmen könnte. Daher müssen die Formen zu diesen Waaren aus vier und mehreren Stücken zusammengesetzt werden. Auf der Kupfertafel stehet Fig. XII. bis XV. eine Form zu einer **halben Koffeekanne**, oder zu einem halben Kruge. Der Zinngiesser gießt in dieser Form zwey Hälften, setzt sie zusammen und löthet beyde im Bauche zu einem Kruge zusammen. Zwey Theile dieser Form Fig.

Fig. XII. nennt der Profeßionist den Hobel und aus eben so viel Theilen besteht auch der Kern. Fig. XIII. und XIV. Fig. XV. stellt alle Theile zusammengesetzt vor. Auch zu dieser Form muß der Zinngiesser ein Modell von Zinn verfertigen. Er drehet erst aus Holz einen Kern Fig. XIII. nach einer Zeichnung und prüft stets seine Dicke mit einem Bauchcirkel. Diesen Kern theilt er durch Striche nach der Länge in zwey gleiche Theile, stellet um die eine Hälfte eine Pappe, daß zwischen dem Kern und der Pappe ein Raum bleibt, den die Dicke des Hobels Fig. XII. bestimt. Um die Pappe legt er auswendig nassen Thon. Er muß aber den Thon mit Asche bestreuen, weil das Zinn schlechterdings keine Nässe leidet. Den Zwischenraum zwischen der Pappe und dem hölzernen Kern füllt er mit flüssigem Zinn aus. Auf eben die Art gießt er auch die andre Hälfte des Hobels. Er löthet hierauf beyde Hälften des Hobels zusammen und drehet sie auf der Drehlade ab. Um beyde Stücke legt er von neuem Pappe und Lehm, daß beydes oben etwas hervorragt, doch so, daß die Pappe dicht an das Zinn anschließt und gießt in die Aushöhlung des Hobels und die vorstehende Pappe flüssiges Zinn. Aus diesem Guß kann er nunmehro den Kern von Zinn drehen. Den Boden Fig. XIV. gießt er, wie den Kern, nur muß bey diesem Guß der Kern in dem Hobel stecken.

Es

Es ist hiebey nur noch zu bemerken, daß der Zinngiesser das Zinn, worin oder worauf er etwas giessen will, mit Scheidewasser und Eßig bestreicht und es überdem noch wol mit einem Kienbrand beräuchert, damit sich das flüssige Zinn nicht an die zinnerne Form anhängt. Beym Abdrehen der beyden Theile des Hobel bleibt gleichfalls etwas Zinn für den Giessel Fig. XII. u. XV. 1. stehen und diesen bildet er mit der Feile. Daß zwischen dem Kern, Hobel und Boden eine **Dicke** seyn muß, und daß diese Form gleichfalls unten und oben ein **Schloß** hat, brauche ich nur zu berühren. Nach diesem Metall wird die meßingene Form gleichfalls gegossen und auf der Drehlade eingerichtet. Dreht der Zinngiesser die beyden Theile des Hobels Fig. XII. ab, so vereinigt er sie durch Schnelloth. Eine Probe mit Lehm und ein zerstückter Guß, bestimt hier gleichfalls, ob er beym Abdrehen die Dicke getroffen hat. Diese Form erhält auch, wie die vorigen, an allen ihren Theilen Angeln mit hölzernen Heften. Fig. XII. und XV. 2. Endlich schmiert der Zinngiesser auf die Flächen, wo die beyden Theile des Hobels zusammengesetzt werden und in die Schlösser Schmirgel und Baumöl und reibt die Theile an einander, daß sie sich genau passen und das Durchdringen des flüssigen Zinns hindern.

B. **Steinerne Formen** drehet der Zinngiesser aus weichen Sandsteinen, die er vorher, nach seiner Absicht, von dem Steinmetzer behauen läßt. Er befestigt den Stein an einem Stock mit drey eisernen Hacken, oder mit einem Kitt von Pech und Ziegelmehl. Im letztern Fall springen sie aber leicht ab. Zum Abdrehen macht er ein Eisen, das 1 Fuß lang ist, auf beyden Enden spitzig und schärft es wieder, wenn es stumpf wird.

a) Steinerne Formen aus zwey Stücken zusammengesetzt, z. B. zu grossen Schüsseln, die gewöhnlich in diesen Formen gegossen werden, drehet und probirt der Profeßionist völlig, wie die meßingenen Formen. Er muß nur mehr Kraft anwenden. Es würde ihm aber beym Probiren, ob sich beyde Theile in einander passen, beschwerlich fallen, beyde schwere Steine zu heben. Daher gießt er über den Kern, den er zuerst drehet, einen Eichel von Zinn, indem er um den Stein gleichfalls Pappe und Lehm schlägt. Mit dieser Eichel kann er dem Hobel probiren.

b) Bey Formen die aus vier Stücken bestehen, drehet man gleichfalls zuerst den Kern ab. Der Zinngiesser meisselt ein Loch durch die Axe des Steins, woraus der Kern entstehen soll, steckt eine Spindel durch dieses Loch und gießt sie mit Zinn ein. Diese Spindel befestigt er in der Hülse eines Stocks an der Drehlade und drehet alsdenn den Kern ab. Die beyden Theile

des

des Hobels verfertigt er aus zwey halben Cylindern, die genau an einander schliessen. Er kittet sie in ein loch eines Stocks ein und höhlt sie mit dem spitzigen Eisen aus, bis der Kern sich einsetzen läßt und die Dicke zwischen beyden Theilen bleibt. Für den Giessel läßt er in beyden Beyspieleu auf dem Boden der Form ein vierkantiges Stück an dem Steine stehen, worin er zuletzt ein loch meisselt.

C. In **Formen von Zinn und Bley** werden blos kleine Stücke gegossen, z. B. Henkel und Schnautzen oder Röhren. Das Abdrehen oder Abfeilen dieser Formen stimt völlig mit der Verfertigung der Modelle zu den meßingenen Formen überein. Fig. XVI. ist eine zusammengesetzte Form zu einem Henkel an einer Koffeekanne und Fig. XVII. zeiget ihre drey Theile besonders. Der Zinngiesser macht in der Mitte der breitesten Flächen eines alten Henkels einen Strich nach der länge, daß also hiedurch der Henkel in zwey gleiche Theile getheilt wird. Er druckt hierauf die eine Hälfte der ganzen Breite des Henkels in Thon und häuft auf beyden Seiten in einer kleinen Entfernung, nach der länge des Henkels, Thon auf. In den Zwischenraum zwischen diesen Thonhaufen und dem Henkel macht man einige löcher Thon, bestreuet den Thon mit Asche und die Hälfte des zinnernen Henkels wird mit Scheidewasser nnd Weineßig bestrichen. Alsdenn gießt man über den Henkel Zinn, daß die Hälfte des Henkels ganz mit

Zinn

Zinn bedeckt ist und zugleich den Zwischenraum zwischen den beyden Thonhaufen ausfüllt. Hiedurch erhält er ein viereckigtes Stück Zinn, mit einer Vertiefung, nach der Hälfte des Henkels. Auf eben die Art gießt er über die andre Hälfte des Henkels, ausser daß er in den Thon keine Löcher macht. Hiedurch erhält er zwey Theile einer Henkelform. Fig. XVII. 1. 2. Er kann den Henkel besonders giessen, aber auch durch den Guß zugleich mit der Kanne vereinigen. Im erstern Fall setzt er die zusammengesetzte Henkelform auf ein Zinn 3., auf welchem Löcher a. b. sind, worin sich die beyden Grundflächen der Form passen, damit das Zinn beym Giessen nicht aus der Form laufe. Beyde Hälften müssen aber genau an einander schliessen und eben deshalb machte der Zinngiesser beym Giessen des Henkels die Löcher in den Thon. Hiedurch entstehen an der einen Hälfte kleine Zapfen oder **Heftkörner** und in der andern Hälft bohrt man für jedes Heftkorn ein Loch. Die Feile muß alle Theile gehörig poliren. Bleyerne Formen werden auf die nemliche Art gegossen, nur muß die Patrone alsdenn gleichfals von Bley seyn.

D. In **gypsernen Formen** gießt der Zinngiesser nur solche Waaren, wozu er Formen aus zwey Stücken wählen kann. Die Deckel zu Kannen oder Krügen gehören zu solchen Arbeiten. Bey der Verfertigung solcher Formen nimt der Profeßionist einen fertigen Deckel oder eine Patrone, wenn er nicht Deckel von der Art besitzt, und gießt über dieses Metall den Gyps. Er setzet den Deckel, so wie er auf einem Kruge liegt, auf den Boden eines cylindrischen hohlen Gefässes, doch muß das Gefäß, worin er ihn legt, etwas breiter seyn, als der Deckel, damit der eingegossene Gyps an allen Seiten die obere Fläche des Deckels umgiebt und an dem untern Umfange des Deckels ein Rand von Gyps entsteht. Vorher hat er schon einen Brey aus Gyps, etwas Ziegelmehl und Wasser gemacht und diesen flüßigen Teig gießt er über den Deckel, daß er ihn völlig bedeckt. Sobald dieser Guß trocken ist, so kehrt er ihn um, daß die Vertiefung des Deckels in dem Gyps sichtbar ist, bestreicht den obern Rand von Gyps mit Seiffwasser und gießt über den Deckel und den Gyps, der ihn umgiebt, die vorige Vermischung von Gyps und Ziegelmehl. Der erste Guß giebt den Hobel und der letztere den Kern der Form und die Dicke entstehet gleichfals, wenn man das Modell von Zinn aus der gegossenen Form nimt. Blos der Guß bringt die Form zur Vollkommenheit.

E. **Formen von Thon**, die schlechtesten in ihrer Art, sind nur bey Tellern und Schüsseln gebräuchlich. Man vermischt Thon sind Kälberhaare und macht hieraus mit Wasser einen Teig. Dieser wird geknetet und mit der Hand so gut wie möglich zu einer Form gebildet und am Feuer getrocknet. Uebrigens werden diese Formen, wie die steinernen

nernen abgedrehet und der Giessel wird an dem Boden angebracht.

Anm. Ein hiesiger Zinngiesser, dem ich gleichfalls Nachrichten zu diesem Abschnitt zu verdanken habe, hat dem Herrn Prof. Halle einen vollständigen Aufsatz von messingenen Formen gegeben, woraus erhellet, daß ein angehender Zinngiesser auf dieses Werkzeug allein 2000 Rthlr. verwenden kann. Ich würde aber zu weitläuftig werden, wenn ich dies wiederholen wolte und ich verweise daher den Leser auf des gedachten Verfassers Werkstätte der heutigen Künste, 1. Band S. 258. Dieser Aufwand nöthigt einen Zinngiesser in grossen Städten, mit einigen andern Meistern gemeinschaftlich Formen zu verfertigen und in kleinen Städten bedienen sich diese Handwerker größtentheils der steinernen Formen. Unterdessen giebt es doch einige Waaren, die blos in Messing können gegossen werden, z. B. die Gewinde zu den Koffeekannen und Krügen. Man muß bey diesen Formen eine ziemliche Kraft anwenden, wenn man sie nach dem Guß wieder auseinander nehmen will und die übrigen Arten der Formen würden hiebey zerbrechen. Man macht auch vermischte Formen, z. B. hölzerne Kerne und gypserne oder thönerne Hobel.

9. Das Zinn dringt durch die Fugen der Form, aller angewandten Sorgfalt bey Verfertigung dieses Werkzeugs ohnerachtet, wenn der Zinngiesser nicht mit einer **Presse** die Theile der Form zusammenhält. Die XVIII. Fig. stellt eine Presse vor, worinn der Zinngiesser zweytheilige Formen zusammenschraubet. Die Presse hält in der Zeichnung eine zusammengesetzte Tellerform 1. (Fig. X. XI.) Auf einer

starken Banke 2. stehen in der Entfernung von 2 Fuß jederzeit zwey kleine viereckigte Hölzer neben einander. Zwischen zwey dieser Säulen 3. ist, durch zwey runde Zapfen, die hölzerne Schraubenmutter 4. einer starken Schraube eingesetzt, daß man die Schraube umdrehen kann. Beym Giessen wird die meßingene Form gegen die beyden andern Hölzer 5. gesetzt, daß die Form auf ihren kleinen Füssen ruht und der Giessel oben steht. Der Zinngiesser drehet hierauf die Schraube so lange um, bis ihr starker Kopf 6. das hölzerne Heft 7. der Form berührt und beyde Theile fest an einander preßt. Blechersteine, die weiter unten vorkommen werden, preßt der Zinngiesser in einem viereckigten Kranz, mit zwey starken Schrauben in einer ihrer langen Seiten, zusammen. Bey kleinen Formen bedient er sich auch eines Schraubenzwingers der Tischer.

r. Mit hölzernen Hammern oder **Schlägeln** schlägt der Zinngiesser die Formen nach dem Guß behutsam aus einander. Desgleichen schlägt er auch auf alten Geschirren mit einem platten hölzernen Hammer die Beulen aus. Er bedient sich aber auch bey dieser Verrichtung des **Beulenkloppers**, eines runden Stücks Zinn an einem eisernen Stiel.

s. Die **Schabeisen** sind kleine stählerne Platten, die an ihren beyden breiten Seiten cirkelrund, oval und platt sind. Die grösten sind nur 3 bis 4 Zoll lang und 1 Zoll breit. Mit diesen

diesen Klingen schabet der Zinngiesser diejenigen Waaren, welche nicht können gedrehet werden, z. B. ovale Kannen.

t. Auf einem gewöhnlichen **Schmiedeamboß** schmiedet der Zinngiesser seine Dreheisen, und wenn er eine verfertigte Arbeit stempelt, so legt er sie auf einen Amboß mit einer platten Bahn. Einige Schmiedehammer sind hiebey gleichfalls nothwendig.

u. Zum Stempeln des **Zinns** besitzt er einige **Stempeleisen**, stählerne Stäbe, auf welchen der Petschierstecher das Wapen der Stadt, den Namen des Meisters oder einen Engel erhaben ausgegraben hat.

v. Der **Einreiber** Fig. XIX. ist ein vierkantiges Stück Zinn an einem hölzernen Heft, dessen Grundfläche ein vierecktigtes Loch hat. Der Zinngiesser vereinigt beyde Theile eines Gewindes mit einem zinnernen Nagel, spannt die eine Hälfte desselben in einen Schraubestock, die andre aber steckt er in den Einreiber und bewegt hiemit diesen Theil hin und her, damit sich ein angelöthetet Deckel an seinem Gelenke leicht zurückschlagen lasse.

w. Die **Krugfeile** Fig. XX. gleicht einer Säge. Der Zinngiesser säget hiemit nach einem Bogen etwas Zinn auf dem Schwanz des obern Gewindes an einem steinernen Kruge aus.

x. Der Gebrauch der **Bunzen** und **Grabstichel** ist bekannt. Die Zinngiesser besitzen gleichfalls

 die

die Geschicklichkeit, Buchstaben und Cartouschen in das Zinn zu graben.

D. Es würde zu weitläuftig seyn, alle **Waaren** der Zinngiesser zu nennen. Gewöhnlich beschäftigt er sich mit Verfertigung der Schüsseln, Teller, Koffee- und Theekannen, Waschbecken, Terrinen, Gießkannen, Näpfe, Krüge, Leuchter, Lampen, Flaschen, Baumölständern u. a. m. Seine verschiedenen Beschäftigungen bringt er unter drey Hauptbenennungen. 1) **Feuerarbeit** nennt er alle diejenigen Verrichtungen, die bey dem Windofen oder bey dem Feuer in einer Küche geschehen, z. B. das Giessen. Kleine Arbeiten, die er an der Banke neben dem Windofen sitzend verrichten kann, heißen in seiner Werkstätte **Bankarbeit**, oder auch das **Aufbreiten**. 2) Unter der **Dreharbeit** versteht er das Abdrehen seiner Geschirre auf der Drehlade. 3) Das **Schaben** giebt denjenigen Waaren eine Politur, die nicht können auf die Drehlade gebracht werden. Allein es liesse sich die Verfertigung einer Waare nur stückweise anführen, wenn die Beschreibung des Folgenden nach diesen Kunstwörtern angelegt würde. Beyspiele werden leichter die **Handgriffe** ins Licht setzen.

a) Die Verfertigung der **zinnernen Geschirre.**

A. Ein **Teller** wird unter denjenigen Stücken, die in einer zweytheiligen Form gegossen werden, das beste Beyspiel seyn, weil man

man mit der Beschreibung die Zeichnung der Form Fig. X. und XI. vergleichen kann.

a) Das **Giessen** dieses Tischgeschirrs rechnet der Zinngiesser zu der Feuerarbeit. Er schmelzt das Zinn in einem grossen Schmelzlöffel, der höchstens 30 Pfund hält, bey Kolen oder in einem Kessel bey einem Feuer von Holz. Das Zinn steht etwa 8 bis 10 Minuten, ehe es zum Giessen völlig flüßig ist, nachdem das Feuer lebhaft brennt. Es ist alsdenn flüßig genug, wenn es eine blaue Farbe hat. Schon vorher überstreicht der Zinngiesser sowohl die meßingenen, als die steinernen Formen inwendig mit einer Tünche, damit das flüßige Metall sich nicht an die Formen anhänge. Meßingene Formen überziehen einige Zinngiesser mit gebrannten Bimsstein und dem Weissen von einem Ey, andre aber mit Formsand, den sie mit dem Weissen vom Ey flüßig machen. Wird diese Masse auf der Form hart, so frischt man sie wieder mit Eßig auf. Bey steinernen Formen nimt der Profeßionist zum Anstrich Bolus und Wasser. In beyden Fällen wird der Ueberzug mit einem Pinsel aufgetragen und gut aus einander getrieben, weil sonst der Guß durch den Anstrich uneben wird und sich nicht gut poliren läßt. Die Tünche läßt man vor dem Giessen völlig trocken werden, weil das flüßige Zinn keine Nässe leidet. Ueberdem müssen die Formen auch vor dem

Guß ausgewärmt werden. Der Zinngiesser hält sie in einer kleinen Entfernung gegen das Gesicht, und wenn sie alsdenn hitzen, so ist dies das Zeichen, daß sie heiß genug sind. Die Form wird hierauf in die Presse Fig. XVIII. gespannt, wie schon oben gezeigt ist. Nunmehr kann der Zinngiesser zum Giessen schreiten, oder wie er sich ausdrückt, den **Guß führen.** Die gröste Geschicklichkeit hiebey bestehet darin, daß er zugleich sein Augenmerk auf die Hitze des Metalls und der Form richten muß. In stark erhitzte Formen kann er nur ein Zinn ausgiessen, das einen mindern Grad der Hitze hat, und ist im Gegentheil die Form weniger heiß, so muß das Zinn einen höhern Grad des Flusses haben. In allzu kalten Formen bekomt das Zinn grosse Löcher, in allzu heissen **Heißgiessel**, oder Stellen, worin kleine Löcher in grosser Anzahl beysammen sind. Aus nassen Formen fährt das Zinn mit Prasseln heraus und ist die Form nicht gehörig in der Presse gestellt, so wird der Guß unvollkommen. Kurz, der Zinngiesser muß mit aller Sorgfalt den Guß führen. Das flußige Zinn wird abgeschäumt und mit einem Schmelzlöffel in die Form gegossen, bis sie völlig angefüllt ist. Der Guß steht nur so lange in der Form, bis das Zinn in dem Giessel erkaltet ist. Alsdenn wird die Form abgeschroben und der Zinngiesser ergreifft die Form an dem hölzernen Heft des Kerns. Fig. XVIII. 7. Der Hobel mit dem

Guß fällt alsdenn ab. Er schlägt hierauf behutsam mit einem hölzernen Hammer an den Giessel oder an dem Rand des Hobels, bis das Zinn auf ein Brett fällt, worüber er es hält. Ist das Zinn noch stark erhitzt, so kühlt er es durch einen Kühlquast mit warmen Wasser ab. Mit weit grösserer Sorgfalt muß der Guß aus steinernen und gypsernen Formen genommen werden, weil sie durch das Schlagen mit einem Hammer zerspringen würden. Der Kern läßt sich gleichfals leicht abnehmen, allein mit mehrerer Schwierigkeit der Hobel. Der Zinngiesser sieht sich daher oft genöthigt kaltes Zinn, d. i. solches Zinn, das nur erst flüßig geworden ist, auf die Arbeit zu giessen und dies so lange fortzusetzen, bis sich das Zinn von dem Hobel ablöset. Das aufgegossene Zinn läßt sich leicht wieder abnehmen. Ein guter Anstrich hält einige Dutzent Güsse aus, so bald er aber nur in etwas abspringt, so muß die Form von neuem überstrichen werden. Gleich nach einem Guß wird die Form wieder zusammengesetzt, in die Presse gespannt und von neuen gegossen, denn der Zinngiesser gießt oft mehre Dutzent zugleich. Bey grossen Stücken, aus englischem Zinn gegossen, muß die erhitzte Form auch wol mit warmen Wasser abgekühlt werden, zumal wenn der Guß nicht gerathen ist. Bekomt das gegossene Zinn nach dem Erkalten bräunliche Flecke, so wirft man etwas Zink in das flüßige Metall und dies reinigt es.

Anm. 1) Kleine Löcher, die beym Guß entstehen, löthet der Zinngiesser zu. Er legt auf ein Brett Thon, über dieses ein Tuch und hierauf setzt er den Teller. In dem Loche macht er etwas Zinn mit dem Löthkolben Fig. IV. flüßig. Dies füllt das Loch aus und es ist nach dem Abdrehen nicht zu bemerken.

2) Der abgenommene Schaum gleicht nach dem Erkalten dem Staube uud es finden sich zuweilen in Berlin Bergleute ein, die ihn wieder zu gute machen.

b) Den gegossenen Satz zum Teller, bringt der Zinngiesser nunmehro zu der **Drehlade**, wenn er vorher das Stück Zinn, so durch den Giessel der Form entsteht, mit einem eisernen Kolben Fig. VI. abgebrannt und die Stelle mit einer Raspel abgestossen hat. Zuerst werden alle **gebörtelt**, oder der runde Stab unten an dem Umkreise des Tellers wird abgedreht, weil das Schloß des Stocks Fig. VII. verhindert, daß ihn der Zinngiesser nicht bearbeiten kann, wenn der Teller bereits in den Stock eingesetzt ist. Das Auge der Drehlade Fig. VI. 8. wird abgenommen und dagegen auf den vorstehenden Zapfen der zweyten Spindel ein grosser Stock Fig. VII. aufgesetzt. Der Zinngiesser steckt hierauf einen Börtelstock durch das Loch der Docke Fig. VI. 17. lehnt den Teller gegen die äussere Grundfläche des Stocks, daß der Boden auswärts gekehrt ist, stellt den Stock auf den Mittelpunkt des Tellers, indem er die Docke dem Teller nähert, läßt die eiserne Klinke 17. vor das andere Ende des Stocks

Stocks fallen und befestigt die Docke wieder durch die Keile 16. Die Spitze des Stocks hat er vorher mit Talch beschmiert, daß sich der Teller an dem Börtelstock bequem herumdrehen kann. Das Abdrehen des Borts geschicht mit einem Bodeneisen Fig. VIII. 4. und der Zinngiesser hält hieben das Eisen Fig. VI. 22., so wie jederzeit, auf dem Richtscheid mit dem Fuß im Steigbiegel fest 19. Nach dem Börteln aller Teller drehet der Zinngiesser einen Teller nach dem andern ab. Er stellt vorher die Docke 14. wieder etwas zurück, denn er muß sich bey dem Abdrehen des Bodens ziemlich vor den Teller stellen können. Er hebt nunmehro einen Teller mit einer spitzigen Klinge zwischen die Schlösser des Stocks Fig. VII. 1. 2. 3. ein und drehet zuerst den Boden des Tellers ab. Hiezu kann er sich gleichfalls der Bodeneisen bedienen. Zuerst nimt er das Unebene der Flächen ab und dies nennt er **zupfen** und alsdenn wählt er ein feiner geschliffenes Eisen und polirt sie völlig. Dies heißt bey ihm **schlichten.** Das Eisen berührt zuerst den Umkreis und nähert sich beständig dem Mittelpunkte und dies gilt beym Zupfen und Schlichten. Nach dem Schlichten wird das Zinn mit einem glatten Polirstein Fig. IX. abgerieben, den man, wie die Dreheisen, von dem Umkreise zum Mittelpunkt führt. Endlich reibt er das Zinn mit einem Tuche ab und zuletzt mit den Fingern, denn der Schweiß der

Finger

Finger nimt alle Unreinigkeit ab. Das Probezinn wird trocken abgedreht, allein das englische bestreicht der Zinngiesser zum öftern mit Wasser und venetianischer Seiffe. Daher steht auf der Docke ein kleines Gefäß mit Wasser und nebenbey liegt Seiffe Fig. VI. 24. Die Späne, oder nach dem Ausdruck des Zinngiessers der **Schleim**, bleibt an dem Zinn hängen, wenn es nicht benetzet wird. Der Zinngiesser nimt nun den Teller von dem Stock ab, stempelt ihn auf dem Boden und setzt ihn umgekehrt in den Stock ein, daß die Vertiefung sichtbar ist. Den Rand des Tellers zupfet und schlichtet er mit geraden, den Boden aber mit gebogenen Bodeneisen und nunmehro muß er auch das Richtscheid 19. weiter nach 24. legen, damit er zu dem Boden kommen kann. Die Ausbauchung zwischen dem Rande und Boden drehet er mit einem Rundeisen Fig. VIII. 5. ab und polirt endlich diese Flächen gleichfalls mit den Polirsteinen, mit einem Tuche und mit der Hand.

Anm. 1) Auf eben die Art werden die Schüsseln gegossen und abgedrehet. Die Gefässe muß der Zinngiesser genau auf dem Stock mit der Pritsche richten, damit das Zinn nicht an einer Stelle dünner werde, als an der andern. Das Drehrad Fig. VI. 1. drehet eine besondre Person, die schon aus der Erfahrung weiß, wenn sie langsam oder geschwinde drehen muß. Bey Tellern und Schüsseln kann sie das Rad so geschwinde bewegen, als ihre Kräfte erlauben.

2) Der

2) Der Guß des Tellers wiegt 1 Pfund 2 Loth, wovon 2 Loth abgedrehet werden. Diese Krätze wird blos gesammlet und wieder eingeschmolzen. Der Zinngiesser muß aber bey jedem Stück genau auf den Abgang merken, damit er sich beym Verkauf nicht Schaden thue. Alle flache Sachen werden nach dem Gewichte verkauft und 1 Pfund englisches Zinn kostet 10 Gr. Probezinn aber 8 Gr.

B. Es wird abermals gut seyn, ein Geschirr zum Beyspiel bauchiger Sachen zu wählen, wobey man die Form vor Augen haben kann. Fig. XII. bis XV. ist eine Form zu einem kleinen **Kruge**.

a) Der Körper dieses Kruges wird aus zwey Hälften auf eben die Art gegossen, wie die Teller, ausser, daß der Zinngiesser die Form beym Giessen nicht in eine Presse spannt, sondern zwischen den Kinn, oder mit der Hand auf der Banke neben dem Windofen zusammenhält. Die beyden Hälften bringt er zum Abdrehen auf die Drehlade und schneidet zuerst mit einem Dreheisen den Boden von derjenigen Hälfte ab, die er zum obern Theil des Kruges wählt. Bey dieser Beschäftigung steckt das Zinn auf einem Stock, der an das Auge der Drehlade Fig. VI. 8. angeschroben ist, wie der Deckel in der Zeichnung 10. Hierauf nimt er einen Stock mit einem Loche in der vordern Grundfläche, in welches jede Hälfte völlig eingesetzt werden kann, daß das Innere zu sehen ist, und drehet

drehet bey jeder Hälfte diese Fläche ab. Die Seiten zupft und schlichtet ein gerades Eisen Fig. VIII. 1. den Boden aber ein gebogenes Bodeneisen 4. Beyde Hälften werden nun vereinigt. Der Profeßionist stellt in die unterste Hälfte einen Filz, der aber etwas über dem Rande hervorragen muß, und die obere Hälfte setzt er, wie den Deckel einer Schachtel, auf den untern Theil. Durch den Guß erhalten beyde Hälften an dem äussern Umkreis, wo sie zusammengesetzt werden sollen, einen vorstehenden runden Stab. Diese beyden Kreise berührt der Zinngiesser an einigen Orten mit einem erhitzten Kolben Fig. III. und heftet beyde Theile hiedurch zusammen. Der Deutlichkeit wegen muß nochmals erinnern, daß dies Gefäß im Bauche zusammen gelöthet wird. Die vereinigten Hälften werden mit Lohe oder Holzmehl von verfaulten Eichen ausgefüllt und der Zinngiesser fährt mit dem glüenden Löthkolben Fig. IV. über den vorstehenden Kreis im Bauche weg, daß das Zinn völlig flüßig wird und in die Ritzen zwischen beyden Hälften fließt. Nunmehro ist leicht zu begreiffen, warum der Zinngiesser den Krug mit einem Filz und mit Lohe ausfüllt, daß nemlich das flüßige Zinn nicht wegfließt, sondern sich in der Ritze setzt und beyde Theile vereinigt. Der Filz und die Lohe werden wieder ausgeschüttet und der Zinngiesser setzt den Krug in einen ausgehöhlten Stock und drehet inwendig die Stelle ab, wo er ihn zusammen gelöthet hat. Dies

nennt

nennt er **ausreissen**. Zuletzt polirt er das Innere mit dem Polirstein und mit einem Tuch. Er setzt hierauf den Krug auf einem Stock an dem Auge Fig. VI. 10., drehet ihn auswendig ab und polirt ihn.

b) Den Henkel kann er auf eine doppelte Art verfertigen. Entweder er gießt ihn besonders und löthet ihn an, oder er vereinigt bey dem Giessen den Henkel sogleich mit dem Kruge.

aa) Die Beschreibung des letztern mag den Anfang machen. Er hält die zusammengesetzte Henkelform Fig. XVI. ohne den Boden Fig. XVII. 3. an den Krug, wie der Henkel nach dem Angiessen stehen soll, klebt um die Ritzen zwischen der Henkelform und dem Kruge, und inwendig auf die beyden Stellen, wo der Henkel auswendig den Krug berührt, Thon, damit das heisse Zinn nicht diese Stellen gleichfals flüßig mache und durchlaufe und gießt flüßiges Zinn in die Henkelform. Der Henkel hängt mit dem Kruge zusammen, wenn die Form abgenommen wird. Für jedes Stück besitzt der Handwerker eine besondre Henkelform, weil sich die Form genau an das Stück passen muß.

bb) Man kann aber auch den Henkel besonders giessen und hernach anlöthen. Die Form wird bey diesem Guß auf das Bodenstück Fig. VII. gesetzt. Ausser der Art zu löthen, die schon oben bey dem Zusammenlöthen der

der beyden Hälften des Krugs gezeigt ist, kann der Zinngiesser auch durch das Anblasen und durch das Wißmuthen Theile eines Geschirres vereinigen. Beym **Anblasen** bedient er sich, wie der Goldschmid, der Löthlampe, legt zerschnittenes Schnelloth auf die Ritze und richtet mit der Blaseröhre die Flamme auf das Schnelloth. Die andre Art nennt er, wie gedacht, das **Wißmuthen**, weil er sich hiebey des Wißmuths bedient, um das Zinn flüßiger zu machen. Diese Art zu löthen ist aber nur bey denen Zinngiessern gebräuchlich, die nicht anblasen können. Die übrigen wißmuthen blos, wenn sie auf den grossen Randschüsseln (Potageschüsseln) den aufgerichteten Rand befestigen wollen. Das Schnelloth aus Wißmuth zum Probezinn wird aus 2 Theilen Schnelloth und 1 Theil Wißmuth, zum englischen Zinn aber nur aus 2 Theilen Schnelloth und 1 Theil Wißmuth zusammengeschmolzen und wie das Schnelloth, zu länglichten kleinen Platten ausgegossen. Dieses leichtflüßigen Schnelloths bedient sich der Zinngiesser auf folgende Art: Er macht in einem ausgemauerten Loche eines Heerds ein starkes Kolenfeuer und bedeckt es mit einem Ziegelsteine, doch so, duß eine kleine Oefnung bleibt. Schon vorher hat er den Rand und die Schüssel, die er wie alle übrigen Schüsseln gießt und abdrehet, mit einem heissen Kolben Fig. III. zusammengeheftet. Er legt an die Fuge zwischen dem Rande und der Schüssel kleine Theile von dem gedach-

gedachten Wißmuthschnelloth, hält die Schüssel an die Oefnung des Lochs und drehet sie langsam herum. Das Schnelloth wird durch die Hitze der Kolen schnell flüßig und verknüpft den Rand mit der Schüssel.

c) Den Deckel des Kruges gießt der Zinngiesser entweder in zinnernen und bleyernen oder in gypsernen Formen. Die letzten übertüncht er blos mit Wasser und Bolus, die erstern aber erst mit Scheidewasser und Baumöl oder Eßig und über diesem Anstrich mit Bolus. Die Formen aus Zinn und Bley beräuchert er auch mit Kienbränden, vorzüglich die ausgebogenen und winklichten Stellen. In Formen von Gyps muß er kalt giessen, d. i. das Metall muß nur erst flüßig geworden seyn, wenn er gießt. Der Guß läßt sich ohnedem nicht aus der Form nehmen. Unterdessen ertragen doch einige Gypsarten eine grössere Hitze, als andre. Das Abdrehen des Deckels stimt völlig mit dem Abdrehen einer der Hälften des Kruges überein. Der Knopf auf dem Deckel muß vorher aufgelöthet werden, weil er sich nicht gut an der Drehlade befestigen läßt. Im Nothfall bedient sich der Zinngiesser eines Auges, das statt des Schraubenganges in der Vertiefung eine kleine vorstehende Schraube von Stahl hat, Fig. VI. 11. und an diese Schraube schraubt er den Knopf oder andre kleine Stücke, wenn er sie abdrehen will.

d) Endlich wird der Deckel mit dem Henkel des Krugs durch ein Gewinde (Charnier) vereinigt. Die eine Hälfte des Gewindes kann mit dem Deckel zugleich, die andre aber muß besonders gegossen und an den Deckel angelöthet werden. Der Zinngiesser gießt aber auch wol beyde Hälften in einer meßingenen Form zugleich und löthet das Gewinde an den Henkel und Deckel an. In diesem letztern Fall passen beyde Theile schon nach dem Guß in einander und der Zinngiesser darf sie nur durch ein zinnernes Niedt vereinigen. Er beschmiert die Scheiben beyder Hälften des Gewindes mit Thon, läßt es trocken werden und setzt das Gewinde zusammen. Alsdenn legt er ein Tuch von Parchent auf Thon, setzt das Gewinde auf das Tuch, daß das Loch des Gewindes auf einer Seite auf dem Parchent steht und gießt Zinn in das Loch. Das flüßige Metall wird unten durch das Tuch und durch den Thon zwischen den Scheiben des Gewindes abgehalten, daß es nirgends eindringen oder verfliessen kann. Hierauf verlöthet er das Niedt auf beyden Seiten mit einem Löthkolben Fig. IV. und bewegt das Gewinde mit dem Eintreiber Fig. XIX. daß es sich leicht zurückschlagen läßt. Endlich wird das Gewinde an dem Deckel und Henkel mit der Löthlampe angeblasen.

Anm. Die Koffeekannen und Terrinen werden eben so, wie der Krug im Bauche zusammengelöthet, allein der untere und obere Theil muß in einer besondern Form gegossen werden.

Den

Den untern Theil gießt der Zinngiesser, wie einen Teller, in einer zweytheiligen Form, den obern Theil aber, wie eine Hälfte des beschriebenen Kruges. Das Giessen einer Röhre (Schnautze) an einer Kanne verdient noch bemerkt zu werden. Die Schnautzenformen haben keinen Kern, wodurch in der Schnautze ein Loch entstehen könnte, allein der Zinngiesser weiß dies durch einen leichten Handgriff zu ersetzen. Eine Schnautzenform wird, wie die Henkelform, die oben beschrieben habe Fig. XVI. aus Zinn oder Bley verfertigt, und beyde zusammengesetzte Hälften bilden ein Loch, das einer Schnautze völlig gleicht und an beyden Enden offen ist. Der Zinngiesser stellt das stärkste Ende der Form auf ein parchenes Tuch, welches auf nassen Thon liegt und füllt die Aushöhlung der Form mit flüßigem Zinn aus. Nach bekannten Gesetzen der Natur erkaltet das Zinn, welches die Form unmittelbar berührt, eher, als das Zinn in der Mitte. Einige Augenblicke nach dem Guß, wenn das Zinn an der Form schon dicht wird, hebt der Zinngiesser die Form auf, daß das parchene Tuch das untere Loch nicht mehr verstopft und bläset oben auf das Zinn. Das Zinn in der Mitte ist noch flüßig und läuft unten ab, das Zinn an der Form aber bleibt zurück und es ist leicht zu begreiffen, daß hiedurch eine hohle Röhre entstehen muß. Es ist bekannt, daß alle Metallarbeiter mit einem Cirkel im Bauche der Kanne einen Kreis machen, ihn ausmeisseln, die Röhre einpassen und anlöthen.

Die vorzüglichste Geschicklichkeit zeigt der Zinngiesser bey **baßigen** oder **blasigen Kannen** und Terrinen, die nach Art der silbernen Geschirre gemacht werden. Er nennt Gefässe baßig oder blasig, wenn sich auf denselben nach der länge halbe Cylinder oder Ecken neben einander erheben, die sich auch wol um das Gefäß winden und inwendig hohl sind. Die Beschreibung, wie eine baßige Koffeekanne gegossen und gedrehet wird, mag die Handgriffe dieser Arbeit begreiflich machen. a) Solche Kannen werden in gypsernen Formen dergestalt zu zwey Hälften gegossen, daß die beyden Hälften nicht im Bauche, sondern nach der länge zusammengelöthet werden. Der Zinngiesser theilt eine Kanne, wonach er eine Form verfertigen will, durch zwey linien, nach ihrer länge gezogen, in zwey gleiche Theile, walzet Thon auf einem Tische und druckt genau die Hälfte der Kanne in den Thon. In einiger Entfernung häuffet er um die Kanne Thon auf und gießt über die halbe Kanne Gyps. Dies giebt ihm den Hobel zu einer Form für die halbe Kanne. In den Hobel gießt er Zinn und macht hieraus eine Patrone oder eine halbe Kanne, legt diese in den Hobel und gießt über das Modell auf die vorige Art den Kern. In eine solche zweytheilige Form kann er beyde Hälften der Kanne giessen. Er heftet sie hierauf mit einem eisernen Kolben Fig. III. zusammen, füllt die Kanne mit lohe aus und löthet die Theile, wie den Krug, nach der länge zusammen. b) Das Abdrehen dieser Arbeit ist aber ohnstreitig am künstlichsten, denn die Kanne bewegt sich an der Drehlade, wie die glatten Waaren und die Dreheisen poliren demohnerachtet alle Höhen und Vertieffungen. Sie

sitzen

sitzen zwar beym Abdrehen gleichfalls auf einem Stock, allein sie werden mit besondern Dreheisen abgedrehet. Der Zinngiesser schmiedet sie aus dünnen elastischen Rappierklingen und diese elastischen Eisen biegen sich, wenn sie an einer Erhöhung das Unebene abnehmen, im Gegentheil werden sie in den Vertiefungen wieder gerade. Das Drehrad Fig. VI. 1. muß aber nicht stark bewegt werden, damit das Eisen Zeit gewinne, sich langsam an den Erhöhungen zu erheben. Allein das Dreheisen streifft nur über diejenigen Flächen weg, wo es sich hinabwegt und nimt keine Zinnspäne ab. Daher bewegt man das Rad zuweilen rechts, zuweilen links und der Zinngiesser muß das Dreheisen jederzeit also halten, daß sich die Kanne an der Drehlade dem Eisen entgegen bewegt. Alles Uebrige stimt mit dem Obigen überein.

D. **Ovale** und **eckigte Waaren** können nicht abgedrehet werden und man muß sie daher aus freyer Hand poliren. Hiezu gehören Präsentirteller, Leuchter, Löffel und die schneckenartigen Verzierungen auf dem Rande der Salatteller. Sie werden erst mit groben und hernach mit feinen Schabeklingen abgeschabt und man wählt die verschiedenen Arten der Klingen nach Beschaffenheit jeder Fläche. Alsdenn reibt der Zinngiesser diese Arbeit mit den Polirsteinen und bestreicht hieben das Zinn mit Wasser und venetianischer Seiffe.

E. Einige Geschirre werden auch aus Tafeln oder Blechen zusammengesetzt, z. E. Baumölständer für die Gewürzkrämer (Materialisten) Flaschen, Wärmflaschen u. a. m. a) Man gießt diese Bleche zwischen zwey viereckigten Sandsteinen, die höchstens 3 Fuß lang und 2 Fuß breit sind und die der Zinngiesser daher auch **Blechersteine** nennt. Auf den untersten Stein wird ein Bogen Pappe gelegt und auf diesen an drey Seiten des Steins dünne Hölzer oder Schienen von gleicher Stärke. Je dicker der Zinngiesser die Schienen wählt, desto stärker wird die Tafel. Auf die Schienen legt er wieder einen Bogen Pappe und oben darauf den andern Stein. Beyde Steine preßt er in einem vierkantigen Kranz mit zwey Schrauben fest zusammen und stellt die Steine dergestalt, daß diejenige Seite oben komt, wo keine Schiene liegt, denn hier wird das flüßige Zinn eingegossen, indem man die beyden Bogen Pappe von einander hält. Es müssen aber zwey Personen an den beyden Enden dieser Seite eingiessen, daß sich das Zinn schnell zwischen der Pappe verbreitet. Eine solche Tafel wiegt an die 20 Pfund. b) Ein **Baumölständer** wird aus diesen Blechen auf folgende Art zusammengesetzt: Der Zinngiesser schneidet zuerst aus den Tafeln für den untern Theil des Baumölständers alle Seiten und den Boden und bedient sich hiebey des Winkelmaasses. Hierauf heftet er alle vier Seiten mit einem glüenden Kolben Fig. III. zusammen

men und auf eben die Art vereinigt er den Boden mit den Seitenblechen. Das Gefäß wird mit Lohe ausgefüllt ehe man an den Ecken die Tafeln zusammengießt. Der Zinngiesser macht auf jeder Tafel an der Ecke einen Thonhaufen, nach der Länge der Ecke, bestreut den Thon mit Asche und gießt auf die Ecke Zinn, dem er den höchsten Grad der Hitze gegeben hat, damit es die Kante gleichfals flüßig mache. Dies wiederholt er an alle Ecken und nimt mit den glüenden Kolben und mit der Raspel das Ueberflüßige ab. Die Theile des Deckels fügt er auf eben die Art zusammen. Zuweilen liegen um den Deckel und an dem untern Theil des Baumölständers unter dem Deckel platte und runde Stäbe. Hiezu gießt er besonders ein dünnes Blech mit den Stäben und der Tischer höhlt ihm ein Stück Holz aus, das ihn hiebey zur Form dient. Das Löthen verknüpft diese Bleche mit dem Baumölständer. Er wird endlich, wie die ovalen Geschirre, polirt.

Bey cylindrischen Geschirren, z. B. runden Flaschen schneidet er erst das Seitenblech nach einem Modelle und biegt es alsdenn um einen runden Stock, mit Beyhülfe eines hölzernen Hammers. Die Grösse der beyden Boden oben und unten bestimt der Cirkel. Alle Theile werden, wie bey den Baumölständer, zusammengegossen. Vorher muß aber schon die Schraube, die, wie die Schraubenmutter, nur in meßingenen Formen gegossen werden kann, an den obern Boden angegossen seyn. Der Zinngiesser macht für die Schraube ein Loch in den Boden, paßt die Schraube ein, stellt den Boden auf die Schraube und legt unten Lohe. Alsdenn häufft er um die Ritze auf beyden Seiten Thon auf und füllt die Ritze aus, wie die Ecken der Baumölständer.

Anm. 1) Die Gewinde an den steinernen Krügen gießt der Zinngiesser folgendergestalt: Er legt um den Henkel des Krugs einen Riem, nach der Dicke, die der Ring um den Henkel bekommen soll und um alle sichtbare Flächen des Riems schlägt er Streiffen von einem Kartenblatte. Ueber die Kartenblätter klebt er Thon und zieht den Riem behutsam ab, daß das Kartenblatt an dem Thon kleben bleibt und unter demselben ein Raum für den Ring entsteht. Alsdenn setzt er die unterste Hälfte des Gewindes, daß er schon vorher besonders gegossen hat, in die Oefnung des Thons, an seinen Ort ein. Doch muß unter dem Gewinde kein Kartenblatt liegen. Er gießt das Zinn neben dem Gewinde hinein und hiedurch entstehet der Ring und das Gewinde ist zugleich angegossen. Die obere Hälfte wird gleichfalls an den Deckel angegossen und mit der Krugfeile Fig. XX. wird ein Bogen ausgeschnitten. Die Zusammenfügung der Hälften eines Gewindes ist schon aus dem Obigen bekannt.

2) Alle Waaren, die nicht flach sind, werden aus freyer Hand und nicht nach dem Gewichte verkauft.

F. Endlich brennen die Zinngiesser auch **Zinnasche**. Zinn und Bley wird nach einer willkührlichen Proportion vermischt und in einem Schmelzkessel flüßig gemacht. So bald man dieser Masse einen höhern Grad der Hitze giebt, als

als zum Schmelzen erforderlich ist, und sie beständig umrührt, so setzt sich auf dem Metalle ein grauweisses Pulver, das der Zinngiesser mit einem durchlöcherten Schmelzlöffel abnimt. Dies ist die Zinnasche. Sie zeigt sich nach dem Abschöpfen bald wieder auf dem mit Bley vermischten Zinn und der Zinngiesser fährt mit dieser Beschäftigung so lange fort, bis alles Zinn durch die Hitze in Zinnasche oder in einen grauen Kalk verwandelt ist.

Anm. Reine Zinnasche entstehet aus dem Zinn durch Beymischung des feinen Kolenstaubes. S. v. Justi Abhandlung von den Manufacturen und Fabriken 2 Theil S. 536. Man gebraucht die Zinnasche vorzüglich zum Poliren. Die Kupferschmiede machen sie gleichfals.

b) Aus Bley giessen die Zinngiesser Röhren zu den Wasserkünsten, Dintenfässer, Tobacksdosen, Gewichte zu den Weberstühlen der Seiden- und Wollarbeiter und Farbenkessel. Beym Giessen muß man dem Bley nur eine stärkere Hitze geben, als dem Zinn, übrigens wird es wie das Zinn, in Formen gegossen, abgedrehet und polirt. Dintenfässer werden aus Bleyblechen, so wie die Oelständer, zusammengegossen. Eine runde Tobacksdose gießt der Zinngiesser in einer viertheiligen Form, den Deckel aber in einer zweytheiligen.

E. **Zünftigkeit.** Die Profeßion des Zinngiessers gehört zu den gewöhnlichen geschenkten Handwerken.

a) Ihre **Lehrbursche** müssen 7 bis 8 Jahr bey ihren Meistern ausstehen, wenn sie dem Meister nichts erlegen. Das Lehrgeld kann diese Zeit bis auf vier Jahr verkürzen.

b) Ein **Geselle**, der Meister werden will, muß vier Jahre gewandert haben, ein Sohn eines Meisters aber nur drey Jahre. In jeder fremden Stadt erhält er ein Geschenk von 6 Gr.

c) Zum **Meisterstück** verfertigt der Zinngiesser meßingene Formen zu einer Terrine und Schüssel. Er kann sie zwar bey einem Gelbgiesser giessen lassen, allein er muß selbst die Patronen zu dem Guß von Zinn verfertigen, die meßingene Form abdrehen und einrichten und den Meistern eine Terrine und Schüssel vorweisen, die er in diesen Formen gegossen hat. Ueberdem muß er noch eine sechseckigte Flasche aus den oben beschriebenen Blechen zusammensetzen. Alles dies verfertigt er unter der Aufsicht eines Meisters.

Anm. Der Spiegelfolienschläger ist der zweyte Künstler, der das Zinn bearbeitet, allein aller Mühe ohngeachtet ließ sich nichts von diesem Künstler erforschen, der vielleicht zu den geheimnißvollsten gehört. In Berlin schlagen nur zwey Zinngiesser von der französischen Colonie Spiegelfolie und ihre Vorfahren haben diese Kunst noch in Frankreich erlernt.

Vierter

Vierter Abschnitt.

Der Kupferhammer und der Kupferschmid.

Inhalt.

Der **Kupferhammer** schmelzt die Tafeln des Garkupfers und das alte Kupfer von neuen auf einem Heerd vor dem doppelten Gebläse, schäumt es ab und gießt es in einem eisernen Schmelztiegel zu einem maßiven Stücke. Dies wird durch grosse Hammer, welche das Wasser bewegt, zertheilt und zu Schalen und Tafeln geschmiedet. Der Leser weiß es schon aus der Vorrede, daß in diesem Abschnitt ein Kupferhammer ohnweit Neustadt Eberswalde in der Mittelmark beschrieben wird.

Aus den erwehnten Schalen und Kupfertafeln schmiedet der **Kupferschmid** Gefässe, die größtentheils zum Bierbrauen, Brantweinbrennen und in der Küche gebraucht werden. Hammer und Amboß von verschiedener Art geben diesem kupfernen Geräthe seine Gestalt. Hieraus entsteht eine doppelte Abtheilung dieses Abschnitts.

I. Der Kupferhammer.

A. In den Magazinen des Kupferhammers müssen folgende **Materialien** vorräthig seyn:

a) Das

a) Das Kupfer (♀), ein rothes Metall, das im Bruche weißlich ist, nimt nach seiner besondern Schwere den fünften Platz unter den Metallen ein. In Absicht der Härte komt es dem Eisen am nächsten und es hat auch nach diesem Metalle die größte Elasticität. Allein es ist zäher, als das Eisen und hat einen Klang, zumal wenn es mit Zinn versetzt wird. Man findet es gediegen und auch in Erzen beynahe in allen Ländern, unter welchen aber dem Schwedischen, Norwegischen und Ungarischen der Vorzug eingeräumet wird. Der Neustädtsche Kupferhammer erhält das Garkupfer aus Neustadt an der Dosse. Ausserdem sammlen die Kupferschmiede in den Städten das alte Kupfer und vertauschen es an den Kupferhammer gegen neue Waaren. Folgende Anmerkungen von diesem Metalle werden hier noch am gehörigen Orte stehen.

A. Das Kupfer wird nur bey einer starken Glut flüßig, wenn es durchgängig rothglüend ist. Es läßt sich vor dem Schmelzen unter dem Hammer strecken und daher kann man es, wie das Eisen, glüen und schmieden. Im Flusse hat es eine blaugrünliche Farbe. Es leidet aber in diesem Zustande schlechterdings keine Nässe, denn es schlägt alsdenn mit aller Gewalt um sich, zerschmettert das Umstehende und zündet es sogar an.

B. Beym Glüen und Schmelzen gehen zwar gleichfalls Theile in Rauch auf, den grö-

sten

sten Verlust aber leidet es durch die Schlacken. Sie sondern sich beym Glüen, Schmieden und Ablöschen ab und sehen wie graue Schuppen aus, werden aber nach dem Abkühlen im Wasser röthlich. Der Kupferschmid nennt sie Kupferasche. In der Luft und in andern flüßigen, vorzüglich aber sauern Körpern, setzt sich auf dieses Metall ein grüner Rost, der das wichtigste Bestandtheil des Grünspans ist. Küchengeschirre werden daher verzinnt, um diesen schädlichen Auswuchs zurückzuhalten.

C. Bey den mehresten metallischen Mischungen ist das Kupfer ein namhaftes Bestandtheil. Mit Arsenik vermischt entsteht aus dem Kupfer ein weisses Metall, ein Zusatz von Zink aber färbt es gelb. Diese Farbe macht es, bey andern Gründen, wahrscheinlich, daß sich in dem Galmey, aus dessen Beymischung Meßing entsteht, Theile jenes Halbmetalls befinden. Durch einen Zusatz von Zinn wird aus dem Kupfer Glockenspeise.

b) Das Glüen und Schmelzen geschieht auf diesem Kupferhammer bey **Holzkolen**. Zu dem erstern bedient man sich am liebsten der fichtenen Kolen. Die benachbarten grossen königlichen Heiden versorgen hiemit den Kupferhammer.

B. Die Hütte, worin sich alle Maschinen befinden, ein langes hölzernes Gebäude, ist

durch-

durchgängig, vorzüglich aber im Dachstuhle stark verbunden, damit es der Erschütterung widerstehe, die durch die grossen Hämmer verursachet wird. Auf der einen Seite in dem Innern dieser Hütte steht ein Schmelzheerd und in einer Linie mit diesem die Wellen und ihre Hammer. Auf der andern Seite aber ist, jederzeit vor zwey Wellen, eine Wärmesse und die Scheren. Ein breiter Gang trennet die Wellen und die Wärmessen. Alle diese Stücke verdienen eine genauere Zergliederung.

a) Unter der **Schmelzesse** versteht der Hammerschmid eine grosse Schmiedeesse mit einem hölzernen Gebläse. Die I. Fig. stellt den Heerd im Durchschnitt dar. A) Vor der Brandmauer 1. ist in der Mitte eines gewöhnlich gemauerten Heerds eine Vertiefung 2., die man auf dem Kupferhammer den **Schmelzheerd** nennt. Andre Kupferhammer bedienen sich an deren statt der Schmelztiegel, allein der Schmelzheerd ist einfacher und nicht minder vortheilhaft. Die gedachte Vertieffung ist ziemlich nach einer halben Kugel gemacht, denn nur an der Brandmauer ist sie etwas abgeschnitten. Beym Schmelzen schwimmen die Kolen 3. oben, das Metall 4. aber sinkt zu Boden. Der Giesser, ein gewöhnlicher Hammerschmid, verfertigt sich diese Aushöhlung selbst und die Grösse überläßt man seinem Willkühr. Gewöhnlich hält ein solcher Schmelzheerd 3 bis 5 $\frac{1}{2}$ Centner. Ein Heerd, worin

worin $3\frac{1}{2}$ Centner Kupfer geschmolzen werden können, hat 17 Zoll im Durchschnitt und ist 7 Zoll tief. Die Vertieffung wird erst gewöhnlich gemauert, alsdenn füllt ihn der Hammerschmid mit Sand aus, den er mit Wasser anfeuchtet, damit er ihn desto fester einstampfen könne. Er höhlt aber das Loch wieder in etwas mit einem Grabscheid aus und schneidet es mit einem krummen Kupferblech völlig rund, daß die Vertieffung blos einen dünnen Ueberzug von Sand erhält. Bey dem ersten Schmelzen giebt, wie der Hammerschmid sagt, der Schaum des Kupfers dem Sande eine Rinde und hiedurch eine Dichtigkeit. Wahrscheinlich aber verglaset der Sand durch die Glut des Metalls. B) Die Brandmauer trägt vor dem Heerd ein starkes Kupfer, die **Form** 5, und in diesem Kupfer steckt die **Windröhre** 6. der Blasebälge. Die Form, ein holer abgekürzter Kegel, dessen gröste Grundfläche gegen das Gebläse gekehrt ist, ragt aus der Mauer, nach dem Gebläse zu, etwas hervor, damit die Glut diese grossen Maschinen nicht beschädige. Beydes, die Windröhre und die Form, sind etwas geneigt, und dies nennt man den **Fall**. Die Absicht ist, damit die Luft in dem Heerd an dem untern Theil der Form spiele und verhüte, daß die Form nicht an diesem Ort schmelze, weil hier das flüßige Kupfer die Form berührt. Ueberdem bläßt die Luft auf diese Art am besten in die Kolen. Die Windröhre füllt aber das

Loch

Loch der Form nicht völlig aus, sondern es bleibt über ihr noch ein Raum, wodurch der Schmelzer das flüßige Kupfer im Heerd beobachtet. C) Die beyden **Blasebälge** stehen an der Brandmauer des Schmelzherds neben einander und sind durch ihre Windröhren mit dem Heerd vereinigt. Dies nennt man das **doppelte Gebläse.** Die Zeichnung konnte nur einen Blasebalg im Durchschnitt bezeichnen. Sie sind von Holz und werden du'ch eine Welle von dem Wasser bewegt. Jeder Blasebalg wird aus zwey viereckigten Kasten zusammengesetzt, die aber nach der Windröhre zu etwas schmaler zusammenlaufen. Der unterste 7. liegt unbeweglich und ist oben offen. Er hält vorne die Windröhre 6. und in seinem Boden ist der Windfang, ein Ventil von Schafleder, das die eindringende Luft nach dem Innern des Kastens zurückschlägt. Der obere Kasten 8. liegt auf einem Bolzen nach dem Heerd zu, der auf den untern Kasten steht. Er ist unten offen und wird, wie der Deckel einer Schachtel, auf den untern aufgesetzt. Oben auf diesem letztern Kasten ist ein Loch, welches man öfnet oder verstopft, nachdem die Blasebälge stark wirken sollen. D) Unter jedem Blasebalge liegt nach seiner Länge eine Stange 9. die an der Wand der Esse an einem Ringe hängt. Ein Bügel 10. und an diesem eine Kette 11. vereinigt die Stange mit dem obern Kasten. Beyde obern Kästen der Blasebälge aber hängen durch einen Wagebalken 12. zusammen,

sammen, der an einer Kette hängt. Die Welle 13. an einem Wasserrad druckt durch zwey starke hölzerne Zieharme die Stange 9. hinab. Die Hebarme zu dem einen Blasebald machen mit den Hebarmen, welche den zweyten bewegen, rechte Winkel, damit eine abwechselnde Bewegung der Blasebälge entstehe. Wenn also die Zieharme der Welle 13. die Stange 9. und zugleich den obern Kasten 8. eines Blasebalgs niederdruckt, so zieht der Wagebalken 12. den obern Kasten des andern Blasebalgs in die Höhe, und umgekehrt, wenn dieser niedergedruckt wird. Der hinabbewegte obere Kasten preßt die Luft in dem Blasebalg zusammen und nöthigt sie, durch die Windröhre einen Ausgang nach dem Schmelzheerd zu suchen und die Kolen anzublasen. Fährt aber dieser Kasten wieder in die Höhe, so wird die Luft in dem Kasten hiedurch verdünnt und es dringt wieder so viel Luft durch den Windfang in den Kasten, bis die äussere und innere Luft eine gleiche Dichtigkeit erhält. Man bemerke nur noch, daß an den untern Kasten auswendig Leder angeschlagen ist, das durch Drath an den obern angedruckt wird, damit die zusammengepreßte Luft nicht zwischen den Kasten einen Ausgang finde.

b) Mit der **Krücke** Fig. II. einem breiten Eisen, das mit seinem Stiel einen rechten Winkel macht, wird das Kupfer abgeschäumt, wenn man sie vorher ins Wasser getaucht hat.

c) Der **Schmelzlöffel** Fig. III. womit das Kupfer aus dem Schmelzheerd geschöpft wird, hat die Gestalt einer hohlen halben Kugel von geschmiedetem Eisen und wird an einem eisernen Stiel mit einem hölzernen Griff gehalten. Man kann mit ihm ohngefehr 80 Pfund ausschöpfen.

d) Der **Schmelztiegel**, oder das hohle Gefäß, worin der Schmelzer das flüßige Kupfer ausgießt Fig. IV. gleicht einer eingedruckten halben Kugel von geschmiedetem Eisen. Zum bequemen Anfassen ist er mit einen Griff versehen. Die Hütte besitzt sie von verschiedener Grösse, denn sie fassen ½ bis 2½ Centner. Diesen Schmelztiegel sowohl, als den Schmelzlöffel übertüncht der Schmelzer inwendig mit gesiebten und geschlämten Thon, und bestreuet diesen Ueberzug mit gesiebter Asche. Der Thon muß aber nicht fett seyn, daher vermischt man ihn mit Sand, und überdem muß man sorgfältig verhüten, daß er keinen Kalk oder Kreide bey sich führe. Durch beyde Mängel des Thons erhält die Oberfläche des Kupfers Blasen, aus denen beym Schmieden Löcher entstehen.

e) Das **Hammerwerk** Fig. V. besteht auf dem Neustädtschen Kupferhammer aus 4 Wellen und jede Welle hebt 2 Hammer.

A. Es ist nicht nöthig bey dem Wasserbau dieses Werks zu verweilen, weil dieser Theil eines Kupferhammers auf eben die Art angelegt ist, wie bey den Mühlen. Die Wasserräder,

deren

deren Schaufeln wenigstens noch einmal so stark sind, wie bey den Mühlen, weil sie eine stärkere Last bewegen müssen, sind auf diesem Kupferhammer theils ober- theils unterschlächtig. Der Baumeister hat den Raum gesparet und daher die Hammer von zwey Wellen gegen einander gekehrt angelegt, daß also nur zwischen den vier Hammern von zwey Wellen ein einziger Gang nöthig war. Um diese Absicht zu erreichen, erhielt die Welle zur Rechten in einem Gange ein oberschlächtiges, die andre aber zur Linken ein unterschlächtiges Wasserrad. Kenner des Mühlenbaues sehen hieraus leicht, daß die Richtung bey der Bewegung der Wellen entgegengesetzt ist, und daß in einem Gange vier Hammer gehen können. Der Kupferhammer sowohl, als alle übrigen Hammerwerke in der Nähe, erhalten ihre Bewegung von dem kleinen Fluß Fühne, der wegen seines hohen Gefälles sich hiezu vorzüglich schickt.

B. Zu den **Wellen** Fig. V. 1. die durch Zieharme die Hammer heben, nimt man das stärkste eichene Holz, damit sie nicht leicht beschädigt werden. Sie sind 24 bis 30 Fuß lang und am Stamme 3 Fuß 4 Zoll, am dünnsten Ende aber 3 Fuß 6 bis 8 Zoll dick. Ueber dem innern Zapfen 3. der Welle hängt ein **Kessel** 2. der auf ihn langsam Wasser treufelt und ihn beständig abkühlt. Die grosse Last, welche eine Welle bewegen muß, macht diese

 Vorsicht

Vorsicht nothwendig. Jede Welle bewegt zwey Hammer und sie muß daher auch 2 **Kränze**, oder zwey Reihen Hebearme 4. haben. Diese **Zieharme**, wovon jeder Kranz 5 enthält, sind ein starkes vierkantiges Eisen, oben nach einem Bogen gerundet, und stehen vor der Welle an die 4 Zoll ins Gevierte vor. Sie stecken aber noch weit tiefer in der Welle und damit sie sich nicht bewegen können, so sind sie auf allen Seiten mit starkem vierkantigen Eisen verkeilet. An jeder Seite der Hebearme und auch an den Enden der Welle liegen starke Ringe oder Bänder 5. damit die Zieharme bey der Bewegung die Welle nicht aufspalten.

C. Die **Hammer** stecken auf einem 11 Fuß langen und 1 Fuß dicken Helm von büchenen Holze. Die VI. Fig., der Durchschnittriß eines Breithammers, macht die Theile desselben begreiflich. Der Hammer selbst ist an dem vordern Ende des Helms festgekeilt. Aus dem vorhergehenden ist bereits bekannt, daß jede Welle zwey Hammer bewegt, allein hiebey ist noch zu bemerken, daß sie zu ihren doppelten Zweck eine verschiedene Gestalt haben. a) Der **Breithammer** 6. hat eine cylindrische Bahn und läuft unten schmaler zusammen. Der schwereste wiegt 3 Centner. Er schlägt das Kupfer zu Scheiben und Tafeln und zu dieser Absicht muß die Bahn eines Hammers jederzeit rund seyn, denn eine platte Bahn polirt zwar, dehnt aber das Metall nicht aus. b) Der **Tiefhammer**

mer

mer 7. ist zwar etwas länger, als der vorige, allein er ist nicht so schwer, denn die schwersten Tiefhammer wiegen nur 2 Centner. Seine Bahn geht stumpfspitzig zu, und man tieft mit ihm auf oder schlägt aus Kupferscheiben Schalen. Die Bahn beyder Hammer muß gut verstählt seyn. Um dem entgegengesetzten Ende jedes Hammerstiels liegt ein starker Ring, der **Schwanzring** Fig. VI. 8. und bey diesem Ringe ergreifft der Zieharm den Helm. Beym Niederdrucken schlägt dieser Ring auf ein starkes viereckigtes Stück Eisen, den **Preller** und der Widerstand dieses Prellers verstärkt die Kraft des Hammers. Ohngefehr um $\frac{1}{3}$ der Länge des ganzen Helms liegt um ihm ein starker eiserner Ring mit Zapfen auf beyden Seiten. Der Hammerschmid nennt dies die **Hülse** 10. Die Zapfen der Hülse laufen in den Pfannen oder

D. **Backeisen**, die in zwey Klötzen stecken. Es stehen nemlich vor der Welle zwey starke hölzerne Säulen 11., die durch zwey Riegel 12. verbunden sind. Unter dem untersten liegen für jeden Hammer zwey Reihen starker hölzerner Klötze 13. über einander und jede Reihe enthält vier solcher Hölzer, die durch Keile unter dem Riegel zusammengetrieben werden. In dem zweyten Kloß von der Erde stecken die Backeisen. Hiebey ist noch zweyerley zu bemerken. Dieser Verbund von Holz steht eben so tief in, als über der Erde, damit der Hammer bey der Bewegung nicht schwanke. Aller dieser Vorsicht ohnerachtet kann die Welle jederzeit nur einen Hammer bewegen und der zweyte ruhet. Die Welle und alle übrigen Theile würden sonst bald Schaden leiden. Daher unterstützt der Hammerschmid den letzten Hammer mit einer starken Stütze 14. und eben dies geschieht auch, wenn man das Metall, das man mit einem Hammer schmiedet, auf der Wärmesse glüet.

F. Jede Art der Hammer erfordert ihren eigenen **Amboß**. a) Der Amboß unter dem Breithammer 15. ist ein länglichtes Viereck. Er steht senkrecht und wiegt, wie der nächste, 3 ½ Centner. b) Die Bahn desjenigen aber, worauf der Tiefhammer schlägt 16., macht mit dem Horizont einen Winkel, damit man eine Schale zugleich an diesen Amboß und an die **Gabel** 17. lehnen kann. Dies letzte Instrument ist ein krumgebogenes Eisen, welches durch ein Gelenk mit einem andern Eisen verknüpft ist, das auf der Erde an dem Amboßstock festsitzt. Bey kleinen Schalen lenkt der Hammerschmid, der den Hammer beobachtet, zugleich die Gabel und durch diese die Schale. Dieserhalb ist an der Gabel ein Seil 18., das über eine Rolle 19. geht und einen Steigbügel 20. trägt. Es ist klar, daß der Hammerschmid mit dem Fuß im Steigbügel die Gabel und zugleich die Schale regieren kann. Bey grossen Stücken aber ist der Fuß zu dieser Verrichtung zu schwach und

daher

daher muß ein besonderer Arbeiter die Gabel richten. Fig. VII. bezeichnet den Amboß des Tiefhammers besonders.

Beyde Ambosse, denen man eine stark verstählte Bahn giebt, stehen auf dem Fußboden der Hütte in der **Chavatte**, einem cylindrischen gegossenen Eisen 10 bis 11 Centner schwer, Fig. VII. 21. damit die Ambosse beym Schlagen nicht zurück in die Erde weichen. Die Chavatte umgiebt der **Amboßstock** 22., ein rundes Holz, von einem festen und starken Eichbaum, und beydes, der Amboßstock und die Chavatte ragen nur einige Zoll vor dem Fußboden hervor, denn die niedrigen Wellen hindern, daß die Hammer nicht weit von der Erde entfernt werden können. Der Amboß mit seiner Umfassung ruht in der Erde auf einem Verbund von Holz.

F. Endlich hängt neben jedem Hammer noch eine Stange, die **Strämmschützenstange** 21., an einem Hebel, der mit dem Schützbrett auf den Wassergerinne zusammenhängt. Der Hammerschmid kann vermittelst dieser Stange das Schützbrett erheben oder niederdrucken und hiedurch das Aufschlagwasser und zugleich die Geschwindigkeit der Bewegung vermehren oder vermindern.

f) Eine der grossen Wellen hebt auch zwey starke gewöhnliche Stampfen, wodurch der Schaum beym Schmelzen und die überschickten Schlacken der Kupferschmide zu gute gemacht werden. Die Stampfen fallen in einen grossen und starken eisernen Kessel, der aber auf einer Seite ein Loch hat. Eine Rinne führt von dem Wassergerinne Wasser in den Kessel und durch das Loch des Kessels läuft es wieder ab. Daher sind die Stampfen neben der innern Wand des Gebäudes an dem Wassergerinne angebracht. Die Stampfen zerstossen den erkalteten und hartgewordenen Schaum oder die **Krätze** und die Schlacken, die bey dem Schmelzen der Kupferasche übrig bleiben und das Wasser spület das Irdische weg, die Kupfertheile aber bleiben auf dem Boden des eisernen Kessels liegen.

Die **Wärmesse**, worauf man das Kupfer beym Schmieden glüet, soll in Absicht ihrer übrigen Theile zwar erst weiter unten bey dem Kupferschmid beschrieben werden, allein die Bewegung der ledernen Blasebälge, die gleichfals durch das Wasser bewirkt wird, muß hier bemerkt werden. Die Kupfertafel stellt durch die VIII. Fig. die hiezu erforderlichen Theile blos im Durchschnitt vor. Eine Welle, die von einem Wasserrade 1. bewegt wird, hat vorne einen krummen Zapfen oder Kurbel 2. und auf ihrem vordern Zapfen sitzt beweglich eine Stange 3., die zugleich an einem Ringe mit einem Arm von Holz 4. zusammenhängt. Der Arm sitzt an einer Welle 5. die auf dem Balken der Hütte nach ihrer Länge ruht. Mit dieser liegt auf eben die Art eine andre Welle 6. parallel und auf beyden steht ein senkrechtes Holz 7., wodurch vermittelst

einer

einer Stange, der **Scheere** 8., die Wellen vereinigt sind. An einen Arm 9 der zweyten Welle hängt eine Stange 10, die mit dem obern Brette des Blasebalgs Zusammenhang hat. Die Wellen 5 und 6. liegen auf den Balken beweglich, und wenn daher die Kurbel 2. hinabgeht, so wird der Blasebalg in die Höhe bewegt; hingegen wird er niedergedruckt, wenn sich die gedachte Kurbel erhebt.

h) Die **Schrote** oder das Schroteisen Fig. IX. womit die maßiven Kupferstücke zertheilet werden, ist eine stark geschärfte Klinge, die mit ihrem Griff einen rechten Winkel macht, damit der Arbeiter vor dem Amboß stehen und doch dies Werkzeug auf das Kupfer unter dem Hammer halten könne.

i) Eine grosse **Scheere** zum Zerschneiden starker Bleche. Fig. X. Der eine Fuß der Scheere 1. steht auf einem Kloß 2. der bewegliche aber endet sich in einen langen gekrümmten Hebel 3. Die Schneiden der Scheere 4. sind nur einige Zoll lang, aber wohl 1½ Zoll dick und 2½ Zoll breit. Die Schneide ist, wie bey allen starken Scheeren, mit einer besondern kleinen Fläche abgeschärft. Sie wird auf diesen Kupferhammer blos durch die Hand eines Menschen bewegt.

k) Die **Stockscheere**, womit dünne Bleche geschnitten werden, kann, der Zeichnung wegen, erst unten beschrieben werden.

l) Die starken Hartstücke und die Tafeln und Schalen, trägt man mit grossen **Schmiede**zangen

zangen auf den Amboß. Mit **Handzangen** aber regiert der Hammerschmid das Kupfer auf dem Amboß.

m) Endlich steht neben der Wärmesse ein ausgehöhlter Baum mit Wasser angefüllt, worin kleine Stücke abgekühlt werden. Der Hammer- und Kupferschmid nennt das Ablöschen seines Metalls **abplätzen** und daher auch das Gefäß mit Wasser ein **Plätzfaß**.

Anm. Alle eiserne und stählerne Werkzeuge dieses Kupferhammers schmiedet der benachbarte Eisenhammer.

C. Mit diesen Werkzeugen wird das Kupfer **geschmolzen** und **geschmiedet**, und beydes soll nun näher beschrieben werden.

a) Das Garkupfer sowohl, als das alte Kupfer muß man auf den Schmelzheerd in ein maßives Stück verwandeln, damit man es von neuen schmieden kann. Bey dem erstern ist dies noch aus einer andern Ursache nöthig, weil es von den Kupferhütten viele Unreinigkeit mit sich bringt, wovon es durch das Schmelzen und Abschäumen zum Theil gereinigt wird. Daher schmelzt man auf dem Kupferhammer weit lieber das schon gereinigte alte Kupfer ein, denn der Schmutz, der sich beym Gebrauch auf dies Metall setzt, wird leicht durch die Glut verzehrt. Die Handgriffe beym Schmelzen sind diese: Der Schmelzer setzt um den Schmelzheerd Fig. I, 2. so viele Steine, daß er zu einer bestimten

stimten Schwere des Kupfers, welches er schmelzen will, hinreichend Kolen aufgeben kann. Er füllt hierauf den Heerd und die Mauersteine mit Kolen aus, zündet sie an und sezt sie durch das Gebläse in Glut. Sobald die Kolen niedergebrannt sind, wirft er zerstückfes Kupfer in den Heerd. Das Garkupfer zertheilt man auf einem Amboß, das alte Metall aber mit der grossen Schere Fig. X. Auf das Kupfer schüttet der Schmelzer von neuen Kolen und auf diese wieder Kupfer und sezt dies wechselsweise so lange fort, bis er alles Kupfer, das zum Schmelzen bestimt ist, eingeworfen hat. Sobald das Kupfer flüßig ist, so sinkt es zu Boden, die Kolen aber nebst dem Schaum schwimmen oben. Es verfliessen jederzeit zwey Stunden, ehe das Kupfer zum Giessen geschickt ist. Während dieser Zeit beobachtet der Schmelzer das Kupfer zum öftern durch die Form 5., damit er dem Metall stets die erforderliche Glut geben könne. Ist der Fluß noch nicht erhizt genug, so muß er mehrere Kolen hinzuschütten. Nach der gewöhnlichen Zeit, die zum Schmelzen nöthig ist, hält der Schmelzer das Gebläse an und untersucht die Güte seines Metalls. Er nimt die Kolen und den Schaum mit den Hacken Fig II. ab und fährt mit einer eisernen Stange in das Metall, bringt das erkaltete Kupfer, das sich an die Stange gesezt hat, auf den Amboß und schmiedet es mit einem Handhammer. Ist das Kupfer brüchig und bekomt es an

dem

dem Umkreise Zähne, so hat es noch nicht die erforderliche Güte und man giebt daher von neuen Kolen auf und läßt das Gebläse gehen. Diese Probe wiederholt der Hammerschmid so lange, bis das Kupfer beym Schmieden völlig zähe ist, oder keine Brüche bekomt und zugleich im Bruche weiß erscheinet. Alsdenn nimt er mit der Krücke Kolen und Schaum, so viel als möglich, ab, schöpft es mit dem Schmelzlöffel Fig. III. aus dem Schmelzheerd und gießt es in die Schmelztiegel Fig. IV. die schon übertüncht und gewärmt neben dem Schmelzheerd bereit stehen. Insgemein wählt man hiezu Tiegel, die $\frac{1}{2}$ Centner halten. In dem Schmelztiegel wird das Kupfer erst mit der Krücke und hernach mit einem schmalen Holz noch einmal abgeschäumt und der Schmelzer muß hiebey genau verfahren, weil sich von dem Schaum auf das Metall Blasen setzen, woraus beym Schmieden endlich Löcher entstehen. Bey kalten und windigen Wetter deckt man nunmehro den Schmelztiegel zu, damit das Kupfer oben nicht zu schnell erkalte und aufspringe. Sobald das Metall nur dicht und noch rothglüend ist, so kehrt der Schmelzer den Schmelztiegel um und läßt das Kupfer ausfallen. Ein solches maßives Stück nennt man auf dem Kupferhammer ein **Hartstück**. Die Unreinigkeit von der Tünche des Schmelztiegels wird mit einem stumpfen und erwärmten Besen abgenommen, oder mit einem Hammer abgeschlagen und das Hartstück wird

mit

mit grossen Zangen auf den Amboß unter dem Breithammer Fig. V. 15. getragen. Dies führt natürlich zu dem

b) **Schmieden** des Kupfers. Aus den gedachten Hartstücken werden auf den Kupferhammer theils Schalen, oder hohle unförmliche Abschnitte einer Kugel von verschiedener Grösse, wie sie die Kupferschmiede der benachbarten Städte bestellen; theils aber auch Kupfertafeln geschmiedet. Ehe man aber zu dieser doppelten Verrichtung schreiten kann, so muß das grosse Hartstück zerschrotet oder in mehrere kleine Theile zerlegt werden. Dieserhalb legt der Hammerschmid mit einer grossen Zange das Hartstück auf den Amboß, das seine größte Grundfläche den Amboß des Breithammers Fig. V. 15. berührt und läßt es, indem es noch rothglüend von dem Gusse ist, in etwas ausdehnen. Die Arbeiter halten es mit einer grossen Schmiedezange und bewegen es stets in einem Kreise herum. Alsdenn bleibt das Hartstück unbeweglich auf dem Amboß liegen, daß der Hammer einen Strich auf das Hartstück macht und diese Stelle zugleich dünner schlägt. An diesen bezeichneten Ort unter dem Hammer, hält ein Hammerschmid den **Schrotmeissel** Fig. IX. daß der Hammer auf den Schrotmeissel schlägt und das Hartstück zerstückt. Die Theilung geschieht nach dem Augenmaaß, in so grosse Stücke, als es die Umstände mit sich bringen und das Zerstücken wird auf die vorgedachte Art so oft wieder-

wiederholt, bis das Hartstück in die festgesetzte Theile zerlegt ist. Erkaltet hiebey das Metall, so wird es auf der Wärmesse Fig. VIII. wieder geglüet. Man siehet leicht, daß Amboß und Hammer Schaden leiden würden, wenn man den Hammer nicht unterstützte, während daß auf dem Amboß kein Kupfer liegt. Daher muß ein Arbeiter auf den Wink desjenigen, der das Kupfer lenket, bereit seyn und die Stütze Fig. VI. 14. unter den Hammer stellen. Eben diese Person beobachtet auch zugleich das Kupfer, das man auf dem Wärmheerd glüet. Insgemein werden aber mehrere Stücke zugleich geglüet, daß schnell ein anderes unter den Hammer kann gebracht werden und alsdenn ist das Unterstützen nicht nöthig. Durch eben diese Stütze hindert man auch, daß der Tiefhammer, der alsdenn ruhet, nicht von der Welle bewegt werde. Aus dem Hartstücke entstehen also kleine Stücke, oder **Schrote**, die die Gestalt einer abgekürzten dreyeckigten oder viereckigten Pyramide haben, die aber nicht stets von gleicher Grösse sind und aus diesen werden Schalen und Tafeln geschmiedet. Vorher aber muß der Grad, oder die Ecken der Schrote abgenommen werden, weil sonst hieraus beym Schmieden Brüche entstehen. Bey grossen Schroten schlägt der Breithammer den Grad nieder; bey kleinen schneidet man ihn mit der grossen Schere Fig. X. ab.

A. Soll

A. Soll aus einem solchen Schrot eine Tafel geschmiedet werden, so wird es von neuen auf dem Wärmheerd geglüet und unter den Breithammer Fig. V. 6. gebracht. Der Hammerschmid hält das Kupfer mit zwey Zangen und schlägt es erst verloren etwas breiter. Alsdenn lenkt er das Stück dergestalt, daß der Hammer einen Schlag neben den andern nach geraden Linien thut, und dies setzt er so lange fort, bis eine Fläche durch Parallellinien überschmiedet ist. Er kehrt das Kupfer alsdenn um und lenkt es gleichfals also, daß die Schläge des Hammers Parallellinien machen, welche die Linien der vorigen Seite durchschneiden. Dies wiederholt er so oft, bis die Tafel ihre festgesetzte Dicke hat. Das Metall muß aber hieben jederzeit, wenn es erkaltet, von neuen geglüet werden. Ohnedem wird es durch das Schmieden brüchig. Ist die Tafel groß, so wird sie von 2 bis 4 Personen unter dem Hammer mit Zangen regiert und ausser diesen beobachtet ein fünfter Hammerschmid die Wärmesse und unterstützt im Nothfall den Hammer. Zuweilen bekomt die Tafel auf den Seiten Risse, die man abschrotet und mit den übrigen gleich schmiedet. Ueberdem müssen gleich zu Anfange alle Splittern mit einem Meissel abgenommen werden, sonst entstehen hieraus Löcher. Der Hammerschmid weiß die Tafeln schon so unter dem Hammer zu führen, daß sie durchgängig gleich dick werden. Zuletzt geht der Hammer

ganz

ganz langsam, damit man die unebenen Stellen bemerken und mit den Hammer niederschlagen kann, denn es fehlt bis jezt dem Kupferhammer noch eine Maschine zum Poliren der Tafeln. Endlich wird der Umkreis der Tafel mit der grossen Scheere Fig. X. aus freyer Hand beschnitten. Starke Tafeln beschneidet man heiß, und hält sie zwischen den Schneiden der Scheere mit Zangen, dünne aber kalt. Die vollwichtigsten Kupfertafeln wiegen 3 bis 4 Centner und sind 9 Fuß lang, 2 Fuß breit und ½ Zoll dick. Diese werden blos für die Flanelldruckerey geschmiedet. Die dünnesten wiegen 6 bis 7 Pfund, haben 2½ Fuß ins Gevierte und ihre Dicke ist dem starken Pappiere gleich.

Anm. Der Schauplatz der Künste und Handwerke gedenkt im 5. Theil S. 97. eines Polirhammers mit einer ebenen Bahn, der gleichfals von dem Wasser getrieben wird, womit man in Frankreich die Schalen polirt. Dieser Hammer mangelt auf dem Neustädtschen Kupferhammer. Dagegen liegen zu diesem Zweck bereits drey eiserne abgedrehte Walzen bereit, die etwa 3 bis 4 Fuß lang und 8 Zoll dick sind. Man hat sie aus England kommen lassen, wo man schon mit solchen Walzen das Kupfer ebnet. Man bewegt sie in England gleichfals durch das Wasser, und der Mechanismus läßt sich leicht bestimmen, denn es ist bekannt, daß eine auf der andern ruhen und daß die eine sich links, die andre aber rechts umdrehen muß, wie bey dem Streckwerke der Bleyfabrik. (S. den 2ten Abschnitt).

B, Aus

B. Aus eben solchen Schroten entstehen auch die **Schalen**, sie mögen nun unten rund, oder, wie die Boden zu den Schmelzkesseln der Zuckersiederey, eingedruckt seyn.

a) Man verwandelt die Schrote zuerst unter dem Breithammer Fig. V. 6. in eine **Scheibe**, und zwar jedes besonders, und glüet sie hiebey zum öftern. Dies heißt auf dem Kupferhammer **abbreiten** oder auch **abpochen** Bey dieser Arbeit lenkt der Hammerschmid mit den Zangen das Schrot also, daß der Hammer auf das Kupfer von dem Umkreise zum Mittelpunkt schlägt und wieder zurück und hiedurch wird das Schrot rund und erhält den Namen einer Scheibe. Andere Schrote glüen unterdessen, daß das eine geschmiedet wird und man verwechselt hiebey ein erkaltetes stets mit einem glüenden. Sobald die Scheibe ihre gehörige Dicke hat, so wird sie an ihrem Umkreise **abgezogen**, oder man schmiedet sie an dem Umkreise mit dem Breithammer etwas dünner und beschneidet sie endlich mit der grossen Scheere Fig. X. heiß oder kalt, nachdem sie stark ist. Der Hammerschmid löscht sie in dem Plätzfasse ab und nimt mit einem Meissel gleichfals alles Unebene ab. Jetzt wird auch jede Scheibe gewogen, damit man das Ueberflüßige mit der Scheere abnehmen kann, denn jede Schale erhält eine festgesetzte Schwere. Hierauf wählt der Hammerschmid 10 Scheiben, die an Grösse und Dicke beständig abnehmen und legt eine auf die andere, daß eine grössere stets unter einer kleinern liegt. Die unterste ist merklich grösser und stärker, weil sie die übrigen zusammenhalten soll und beym Glüen, desgleichen durch den Widerstand des Ambosses, den sie beym Schmieden berührt, am mehresten verlieret. Bey kleinen Schalen schlägt der Arbeiter mit einem Hammer nur den breiten vorstehenden Kreis der untersten Scheibe um die übrigen und dies hält die letztern zusammen. Bey grossen Scheiben werden ausser der untersten Scheibe noch wol 3 bis 4 umgeschlagen. Der umgeschlagene Theil der letztern Scheiben heißt nach dem Sprachgebrauch des Kupferhammers die **Klammer** und das Umschlagen nennt man hier **umkrempen**. Die unterste Scheibe heißt der **Aeussere**, die oberste, der **Schläger**, und alle 10 Scheiben zusammengenommen, ein **Gespann** und dieser Name bleibt ihnen auch, wenn sie bereits aufgetiefft werden. Der Aeussere und der Schläger werden beym Auftieffen beschädigt und müssen wieder eingeschmolzen werden.

b) Ein solches Gespann wird nun von neuem geglüet und unter dem Tiefhammer Fig. V. 7. **aufgetiefft** oder zu einer Schale geschmiedet. Der Hammerschmid läßt erst den Tiefhammer von dem Umkreise zum Mittelpunkt verloren auf das Gespann fallen, damit sich die Scheiben an einander schliessen. Alsdenn führt er das

Gespann

Gespann dergestalt, daß der Hammer eine Schneckenlinie vom Mittelpunkt zum Umkreise und wieder zurück zum Mittelpunkt schlägt. Nachdem die Schale tief werden soll, wiederholt er dies zum öftern, und wenn er stark vertiefen will, so giebt er dem Wasserrade auch mehr Aufschlagewasser, damit der Hammer desto stärker wirke. Nach und nach bleibt er etwas mit dem Hammer von dem Umkreise zurück, denn dieser erhält bald seine gehörige Dicke, weil ihn das Abziehen schon dünner gemacht hat, als das übrige. Die Hammerschmiede fassen ein Gespann gleichfals mit Schmiedezangen an und wenn es klein ist, so kann es eine Person mit der Gabel 17., vermittelst des Fusses im Steigbügel 20. regieren. Ein zweyter Hammerschmid muß aber das Glüen besorgen und den Hammer im erforderlichen Fall unterstützen. Bey grossen Schalen aber lenkt eine besondre Person mit der Gabel das Gespann auf dem geneigten Amboß und zwey bis vier Hammerschmiede bewegen mit Zangen die Arbeit unter dem Hammer. Kleine Stücke werden nur zweymal während des Schmiedens geglüet, grosse aber wol siebenmal, nachdem sie stark sollen aufgetiefft werden. Endlich schneidet die grosse Schere Fig. X. das Umgekrempte ab, wenn das Metall noch warm ist und da sich beym Auseinandernehmen die Schalen verbiegen, so giebt man ihnen wieder mit hölzernen Hämmern auf einem Klotz in dem

Fußboden, eine geschickte Gestalt. Jede Schale wird endlich besonders mit der Stockscheere beschnitten und wenn sie klein ist in Wasser abgeplätzet, wodurch sich die Schwärze, die durch das Glüen entsteht, verlieret. Grosse Schalen werden aber nicht in Wasser abgekühlt.

Die größten Schalen wiegen 80 Pfund und messen 3 Fuß im größten Durchmesser; die kleinsten sind $\frac{3}{4}$ Pfund schwer und der Durchmesser des obern Umfangs beträgt 4 bis $4\frac{1}{3}$ Zoll. Nur selten werden Schalen geschmiedet, die $\frac{1}{2}$ Pfund wiegen. Die Schalen nehmen beständig an Gewicht und Grösse zu und daher kann man eine in die andre setzen und einen solchen Stoß Schalen nennt man auf dem Kupferhammer einen **Stock** oder ein **Gesätz**.

Anm. Ein Pfund Kupfer kostet unbearbeitet 10 Gr. 2 Pf. bearbeitet aber wird es auf dem Kupferhammer für 12 Gr. verkauft.

c) Es ist nur noch übrig zu zeigen, wie man die Kupferasche wieder zu gute macht. Man feuchtet sie auf dem Kupferhammer blos mit Wasser an, schüttet sie in den Schmelzheerd und behandelt sie, wie das Kupfer. Die Schlacken müssen hiebey zum öftern abgenommen werden. Der brauchbare Ueberrest wird in einen gewöhnlichen Schmelztiegel gegossen, allein das gewonnene Kupfer ist nur halb so schwer, als die Kupferasche. Die Schlacken und der Schaum, der beym Schmelzen abgenommen wird, werden noch unter die Stampfen

pfen gebracht, wie aus dem Vorigen schon bekannt ist.

Anm. Der königl. Kupferhammer bey Neustadt Eberswalde ist unter den benachbarten Hammerwerken zuerst angelegt worden, denn man besitzt daselbst Freyheitsbriefe, welche die Churfürsten von Brandenburg diesem Werke schon vor der Mitte des vorigen Jahrhunderts gegeben haben. Ein Rußisches Corps legte zwar die Hütte im vorigen Kriege in die Asche, allein sie wurde bald darauf eben so vollständig wieder aufgebauet.

II. Der Kupferschmid.

1. Unter den Materialien, die in dieser Werkstätte erforderlich sind, verdient

a) Das **Kupfer** den ersten Platz zu erhalten. Der Kupferhammer arbeitet das Metall für den Kupferschmid aus dem Groben, denn dieser ersteht es schon in Schalen, Tafeln und in Schroten. Aus den letztern schmiedet er starke Nägel, aus den erstern aber seine Waaren. Folgendes ist bey diesem Metall nur noch zu bemerken. A. Der Kupferschmid nützet gleichfals die Eigenschaft des Kupfers, daß es sich rothglüend schmieden läßt. Den größten Grad der Hitze muß er diesem Metall alsdenn geben, wenn er alte Geräthe von neuen verzinnen will, weil sonst das alte Zinn nicht völlig abschmelzt. Das neue Zinn vereinigt sich aber nicht gut mit dem

Kupfer, wenn dies nicht völlig von dem alten Zinn gereinigt ist, wahrscheinlich der Fettigkeit wegen, die sich an die abgenutzte Verzinnung gesetzt hat. B. Der Kupferschmid erhält von dem Kupferhammer schlechtes und gutes Kupfer und daher muß er die Güte des neuen Kupfers, wie der Schmelzer, erforschen. Er nimt etwas von dem eingekauften Kupfer, legt es auf den Amboß und schlägt es zu einem sehr dünnen Blech. Hat es alsdenn eine dunkelrothe Farbe und bekomt es durch das Schlagen keine Risse, so ist es zähe und zu der besten Arbeit brauchbar Im Gegentheil wird es bey der Arbeit brüchig, wenn es nach dem Schlagen blaßroth aussieht, Risse und am Umkreise Zacken bekomt. Im Bruche erscheint es alsdenn auch nicht weiß genug, denn der Kupferhammer hat es noch nicht gehörig gereinigt. Der Augenschein lehrt aber auch schon die Güte des Kupfers, weil auf dem unreinen hin und wieder gelbliche Flecke sind und weil es leicht zerbricht, wenn man es biegt. C. Die Kupferasche sucht der Kupferschmid gleichfals wieder zu seinem Nutzen anzuwenden. Allein das Feuer seiner Esse ist zu schwach, als daß er diese Schlacken könnte zum Fluß bringen und er muß daher in diesem Fall seine Zuflucht zu der Esse eines Grobschmids nehmen. Allein auch hier ist die Glut noch zu schwach, ohne Beförderungsmittel die Kupferasche zu schmelzen. Wenn er einen ziemlichen Vorrath von

dem

dem Verlust seines Metalls gesammelt hat, so ballt er es zusammen und feuchtet es mit Salzwasser an. Einige Kupferschmiede lösen zu diesen Gebrauch für jeden Centner Kupferasche 1 Metze Salz in Wasser auf. Andre nehmen statt des Salzes Potasche und die mehresten Heringslacke, ohnerachtet manche Kupferschmiede dies letztere verwerfen. Mit dieser Beymischung wird die Kupferasche auf der Esse des Grobschmids zwar flüßig, allein der Kupferschmid gewinnt doch nicht völlig die Hälfte brauchbares Kupfer, wie auf dem Kupferhammer.

b) Das **Meßing** verbraucht der Kupferschmid blos zum Ausschmücken seiner Waaren, z. B. zu Knöpfen auf den Theekesseln, und zum Schlagloth. Das Schlagloth aller Meßing- und Kupferarbeiter wird aus Meßing und

c) **Zink** zusammengeschmolzen. Denn das Schlagloth dieser Profeßionisten muß eine doppelte Eigenschaft haben, daß es leichter, als ihre Metalle flüßig wird, sich aber doch nicht wieder absondert, wenn man nach dem Erkalten eine gelöthete Arbeit auf dem Amboß schmiedet. Daher können auch diese Handwerker sich selten des Schnelloths aus Zinn und Bley zum Löthen bedienen. Das Meßing wird zwar leichter flüßig, als das Kupfer, gleichwohl muß es doch durch den leichtflüßigen Zink zum Löthen im Feuer noch geschickter gemacht werden, wenn man das Kupfer nicht der Gefahr aussetzen will, daß es beym löthen zum Theil schmelze. Es werden daher drey Theile Meßing und ein Theil Zink, oder auch 7 Pfund Meßing und 2 Pfund Zink, nachdem das Loth schnellflüßig werden soll, in einem Schmelztiegel zusammengeschmolzen. Man stellt zwey neue Besen in einen Eimer mit Wasser neben einander, gießt durch dieselben das geschmolzene Loth und schlägt es mit den Besen in dem Wasser. Auf diese einfache Art wird das Loth gekörnt und der Profeßionist hebt es in einer Büchse zum löthen auf. Es wird aber alsdenn noch, wie beym Goldschmid, mit

b) **Borax** vermischt.

c) Das **Zinn** und **Bley** hat in der Werkstätte des Kupferschmids einen doppelten Nutzen. 1) Zinn willkührlich mit etwas Bley vermischt und auf ein Eisen zu länglichten dünnen Stangen ausgegossen, giebt das sogenannte **Schnelloth**. Der Kupferschmid löthet aber nur alsdenn, vermittelst eines Löthkolbens, mit diesem Lothe, wenn er zu einem Orte, wo er löthen will, nicht zukommen kann, um im Feuer zu löthen, oder wenn ein Theil eines Geschirrs bey einer Beschädigung muß abgenommen werden, z. B. die Röhre an einem Theekessel. 2) Ueberdem überzieht der Kupferschmid auch mit diesen beyden Metallen das Innere derjenigen Gefässe, die zum Kochen gebraucht werden, und dies heißt daher verzinnen. Die Verzinnung soll, wie bekannt, verhindern, daß der

grüne

grüne Rost des Kupfers nicht den Speisen einen unangenehmen Nebengeschmack gebe, oder wol gar der Gesundheit schade. Der Kupferschmid nimt insgemein zum Verzinnen eine Mischung von 1 Pfund Zinn und 4 Loth Bley, allein das unversetzte Zinn würde wenigstens der Verzinnung ein gefälligeres Ansehen geben. Damit aber das Zinn bald flüßig werde, so streuet der Kupferschmid auf das Kupfer zerstossenen Colophonium, oder **Salmiak**. Nach den Gesetzen unsers Staats sollen die Profeßionisten blos Salmiak zum verzinnen nehmen, weil man bemerkt hat, daß sich durch dieses Mittelsalz das Zinn und Kupfer weit genauer vereinigen, zumal wenn zugleich das feinste englische Zinn genommen wird. Der weisseste Salmiak ist hiezu jederzeit der beste. Ein Pfund kostet 1 Rthlr.

f) Das **Eisendrath** legt der Kupferschmid um den Rand der Waschkessel und giebt ihnen hiedurch eine grössere Haltbarkeit. Es komt insgemein von dem Harz in Ringen zu uns und man bezeichnet seine Stärke nach Nummern. Ein 10 Pfund schwerer Ring kostet 1 Rthlr.

g) **Asche** und **Kienruß** wird zum Roth- und Weisglüen gebraucht. Die Folge zeigt das Nähere.

h) Die **Kolen** für alle Schmiede werden theils auf Kähnen, theils aber auf der Axe nach Berkin gebracht. Im erstern Fall kaufen die Schmiede sie nach Tonnen, im letztern aber nach Säcken ein.

i) Mit dem Galitzenstein, einem Vitriol, verbirgt der Kupferschmid kleine Fehler seiner Arbeit. Er füllt die Löcher, die beym Schlagen zuweilen im Kupfer entstehen, mit Schlagloth im Feuer aus, bestreicht die gelöthete Stelle mit Speichel und reibt es mit diesem Steine und dies giebt dem gelben Schlagloth einen rothen Anstrich, gleich dem Kupfer.

B. Die Werkzeuge des Kupferschmids:

a) Die Esse Fig. XI. des Kupferschmids besteht, wie alle Essen der Schmiede, aus dem Heerd, dem Rauchfang und dem Blasebalg. A. Der Heerd 1. ist aus Backsteinen gemauert und sein Umfang richtet sich nach dem Raum der Werkstätte. Seine Höhe beträgt etwas mehr als die halbe Grösse eines gewöhnlichen Menschen, damit der Arbeiter bequem zu der Esse kommen kann. Auf der Seite, wo der Blasebalg liegt, steht auf dem Heerd eine starke Mauer, die Brandmauer 2. und an ihr ist in der Mitte des Heerds eine Vertiefung 3. gemacht, worin die glüenden Kolen vor dem Gebläse liegen. Beydes, die Brandmauer und die Vertieffung, halten die Glut der Kolen zusammen. Vorne ist die Esse offen, aber an den andern beyden Seiten wird sie gleichfals von einer Mauer 4. und 5. umgeben und auf diesen bey-

den

den Mauern, der Brandmauer und vorne auf einer starken eisernen Stange ruhet B. der steinerne Rauchfang, den ein jeder in der Küche bemerken kann. C. An der Seite des Heerds, wo die Brandmauer steht, ruhet der Blasebalg auf einem Gestell von Latten und blos seine Windröhre geht durch die Brandmauer nach der Vertieffung des Heerds. Die Brandmauer bedeckt in der Zeichnung diese Röhre. Schon bey dem Kupferhammer ist die Ursache angezeigt worden, warum die Windröhre stets von einem starken Metall, der Form, umgeben ist. An einer kleinern Esse der Schmiede ist es ein viereckigtes Eisen, so dick als die Brandmauer und etwa 8 bis 10 Zoll lang und breit. Der Blasebalg ist aus zwey starken Brettern zusammengesetzt, die auf der einen Seite einen runden Umfang haben, und nach der Windröhre zu schmaler zusammenlaufen, wo sich auch an einem runden gedrechselten Holze, worin die Windröhre steckt, beyde Bretter vereinigen. Das unterste Brett 7. liegt auf dem Gestell unbeweglich und in seiner Mitte ist ein Windfang von Schafleder, der sich nach dem Innern des Blasebalgs öfnet. Das obere Brett 6. hängt blos an dem runden Holze mit dem untern, vermittelst eines Leders, zusammen. Um den Umfang beyder Bretter und um eine Leiste zwischen beyden Brettern, die die Figur dieser Hölzer hat, wird mit kleinen Nägeln Juchten 8. angeschlagen. Das obere Brett des Blasebalgs muß, dem Zweck dieses

Werk;

Werkzeugs gemäß, auf dem untern erhöhet und wieder hinabgedruckt werden können. Das erste geschieht durch einen Hebel 9., der auf dem Gestell 10. aufliegt und durch eine Kette 11. mit dem obern Brett des Blasebalgs zusammenhängt. Die Hand eines Menschen, oder auch der Fuß des Kupferschmids druckt diesen Hebel hinab. Im letztern Fall hängt an dem vordern Ende des Hebels ein Seil, unten mit einem Steigbügel. Allein der Blasebalg muß auch wieder hinabgedruckt werden und dies bewirken Steine, die unter der Kette an das obere Brett angebunden sind. Der Blasebalg bedeckt sie in der Zeichnung. Die Absicht des Blasebalgs, das er durch die zusamnrengepreßte Luft die Glut der Kolen verstärkt, und die Ursachen dieser Erscheinung sind bereits bey dem Schmelzheerd des Kupferhammers erklärt worden. Neben der Esse stehet das Plätzfaß 12. eine Wanne mit Wasser, zum Ablöschen des Kupfers. Nach der Schmiedeesse sind für den Kupferschmid die Hammer und Ambosse die brauchbarsten Werkzeuge.

b) **Ambosse** sieht man bey diesem Professionisten in grosser Anzahl und von verschiedener Grösse. Die wichtigsten sind:

A. Der **Hammeramboß**, Fig. XII. ein gewöhnlicher Schmiedeamboß, ist ein länglichtes Viereck, etwa 1 Fuß lang und 8 bis 10 Zoll hoch und breit. Seine Angel steckt in einem Kloß 1. und an diesem waren in der Werkstätte, wo die Zeichnung aufgenommen ist, noch folgende

Stücke

Stücke angebracht: Ein **Schrotmeissel** 2., ein eiserner Stab, der oben verstählt und geschärft ist, womit der Kupferschmid Drath theilt, oder geschmiedete Nägel abschlägt. Zur linken stand auf eben diesem Klotz eine **Stockscheere** 3. Der eine Schenkel dieser Scheere hat einen Angel, der in dem Klotz befestigt ist. Der andre aber hat einen langen Arm, woran der Kupferschmid beym Beschneiden der Bleche oder Kessel anfaßt. Die Schneiden sind nur kurz, aber gut verstählt und das Ganze ist 2½ bis 3 Fuß lang. Neben eben diesem Amboß wird auch wol ein Brett 4. mit Gelenken auf dem Klotz angeschlagen, daß man es mit einer Stütze dem Amboß nähern und von ihm entfernen kann. Der Kupferschmid nennt diesen Amboß, wenn neben ihm ein solches Brett stehet, einen **Kaltschlageamboß**. Er legt auf dieses Brett die Kessel, wenn er ihnen die **Stempe**, eine kantige Ausbauchung am Rande des Kessels, geben will. Dies verrichtet man mit einen hölzernen Hammer, ehe der Kessel geglüet wird und hievon hat der Amboß seinen Namen erhalten.

B. Der **Stockamboß**, Fig. XIII. ist ein starker eiserner Knopf, der oben nach einer Kugel abgerundet ist. Er ist 4 bis 6 Zoll dick und steckt an einer eisernen Stange in einem Klotz auf dem Fußboden. Die Bahn dieses Ambosses muß, wie bey allen übrigen, mit dem besten Stahl verstählt seyn. Der Kupferschmid schmiedet auf diesem Amboß die runden Boden seiner Arbeit.

C. Die

C. Die **Liegambosse** Fig. XIV. führen diesen Namen, weil 3 bis 4 in den Einschnitten eines starken liegenden Klotzes 1. mit Keilen 2. befestigt werden. Aus dieser Ursache ist jederzeit an jedem Ende einer $3\frac{1}{2}$ Fuß langen starken eisernen Stange ein Amboß angeschmiedet. Eine solche Stange kann man abnehmen und statt ihrer eine andre auf dem Kloß mit den Keilen befestigen. a) In der Zeichnung hat die Stange A. an dem einen Ende einen **Liegeamboß** 3. im eigentlichen Verstande, an dem andern aber einen **Fälzamboß** 4. Die Bahn des ersten gleicht einer geneigten Fläche und der Kupferschmid wählt ihn, wenn er Bläche oder Schalen **zusammenziehen** oder rund schlagen und ihren Umkreis näher zusammenbringen will, z. B. wenn er aus einer Schale einen Theekessel schlägt. Der Fälzamboß gleicht einem kleinen Schmiedeamboß mit einer platten Bahn. Sein Angel wird in ein Loch am Ende der Stange eingesetzt und verkeilt, damit man ihn abnehmen und dagegen einen kleinern oder grössern, nach Beschaffenheit der Umstände, einsetzen könne. Auf diesem Amboß nagelt der Kupferschmid grosse Bleche zusammen, oder vereinigt sie mit einem Falz, wovon unten soll geredet werden. b) Die zweyte Stange B. ist an dem einem Ende nach einen krummen Hacken 5. gebogen. Auf diesem Hacken schlägt der Kupferschmid die Ausbauchung eines Deckels zu den Theekesseln, oder anderer

anderer kleinen Stücke. Ist dieser Hacken vorne etwas geschärft, so heißt er der **Gelenkamboß** und der Kupferschmid giebt auf diesem Instrument dem Blech eine scharfe oder stumpfe Kante, die er nach Handwerksgebrauch ein **Gelenk** nennt. An dem andern Ende ist diese Stange unterwärts nach einem rechten Winkel gebogen und erhält den Namen eines **Halsambosses** 6. weil der Kupferschmid den Hals, oder den obern Theil eines Theekessels neben dem Deckel auf diesem Winkel ausschmiedet. c) Die dritte Stange C. trägt an dem einen Ende gleichfals einen Halsamboß 6., an dem andern aber einen Theekesselamboß 7. Die letztern haben bald eine runde, bald eine platte Bahn. Im erstern Fall liegt der Theekessel auf diesem Amboß, wenn der Kupferschmid seinen Bauch ausschmiedet. Mit denen aber, die eine flache Bahn haben, giebt er dem Theekessel die Kante an dem Boden. d) Die letzte Stange D. hat an dem einem Ende abermals einen Liegamboß 3., an dem andern aber ein **Krugeisen** 8. oder einen stumpfen Hacken. In einigen Gegenden haben die Kupferschmiede die Gewohnheit, daß sie in das Kupferblech bey grossen Arbeiten starke Blumen treiben, beynahe auf die Art, wie der Goldschmid das Silber cisilirt. Alsdenn legt man das Blech auf die Spitze des Krugeisens, lenkt das Kupfer nach einer Zeichnung und schlägt auf das Metall mit einem Hammer und treibt aus demselben starke Striche aus, die halben den Cylindern gleichen. Da aber das Blech hiebey den Amboß bedeckt und der Hammer die Spitze des Krugeisens jederzeit treffen muß, wenn nicht Löcher in dem Kupfer entstehen sollen, so gehört hiezu viele Uebung. e) Endlich steht auf dem Kloß noch ein winklichtes Eisen 9., worauf der platte Boden eines Theekessels ruht, wenn ihn der Kupferschmid schlägt. Man nennt es das **Bodeneisen.**

D. Auf dem **Faustamboß** Fig. XV., einem kleinen Schmiedeamboß mit einer ebenen und polirten Bahn, auf einem Kloß, verdünnet der Kupferschmid gerade Bleche und polirt auf ihm die fertigen Waaren.

E. Das **Sperrhorn** Fig. XVI. ist schon aus der Beschreibung des Goldschmids hinreichend bekannt.

F. Das **Senkeisen** Fig. XVII. Auf seiner Bahn sind einige runde und platte Reifen eingeschnitten und hiedurch kann der Kupferschmid dem Bleche einige Stäbe zur Verzierung geben, wenn das Kupfer zu dünn ist, daß er diese Stäbe nicht auf dem Drehrade drechseln kann. Er legt das Kupfer blos auf dies Eisen und schlägt auf die verkehrte Seite, so bilden sich auf dem Kupfer nach den Ausschnitten des Senkeisens Reifen und die verkehrte Seite des Blechs bleibt demohnerachtet platt.

c) Das Kupfer wird mit hölzernen und eisernen **Hammern** in dieser Werkstätte geschlagen.

A. Die

A. Die erstern heissen zwar überhaupt der **Polterhammer**, allein einer unter ihnen erhält insbesondre diesen Namen. Er hat vorne eine stumpfe Pinne und giebt dem Kupfer eine Ecke, z. B. an dem Boden eines Kessels. Der **Bodenhammer** ist ein kurzer hölzerner Cylinder an einem Stiel; die **Seitenhammer** sind hingegen vierkantigt. Ihre Benennung besagt schon ihren Gebrauch. Mit allen diesen Hammern giebt der Kupferschmid seinen Waaren, vor dem Glüen, im Groben diejenige Gestalt, die sie durch die eisernen Hammer erhalten sollen. Der **Stemphammer** Fig. XVIII. wird blos alsdenn gebraucht, wenn der Kupferschmid den Kesseln eine Stempe geben will. Man kennt diesen Ausdruck schon aus dem Vorhergehenden.

B. Zum schmieden des Kupfers besitzt der Kupferschmid nachstehende eiserne Hammer. Mit dem **Verschlaghammer**, einem starken Schmiedehammer mit einer breiten und runden Bahn, verdünnt er starke Bleche. Der **Reibenhammer** Fig. XIX. ist ziemlich lang, damit seine platte Bahn den Boden eines tieffen Gefässes erreiche, wenn man ihn austreiben will. Der **Tiefhammer** Fig. XX. ziehet vorher den Boden eines Gefässes aus, oder erweitert ihn. Er hat bald eine Breite Bahn, bald eine Pinne und ist gleichfals ziemlich lang. Der **Weiterhammer**, ein langer gekrümter Hammer Fig. XXI. bildet den Bauch einer Arbeit von innen.

Der

Der **Kreuzhammer** Fig. XXII. hat an dem einen Ende eine runde, an dem andern eine ebene Bahn und wird beym Einziehen oder Verengen einer Waare gebraucht. Der **Krug-** oder **Kruckhammer** Fig. XXIII. ist ein Polirhammer und wird daher erst alsdenn gewählt, wenn die Arbeit schon bis zum Poliren ihre Vollkommenheit erreicht hat. Die Bahn dieser Hammer ist glatt, rund, ausgehöhlt und gefalzt, damit der Kupferschmid einen dieser Hammer bey jedem Vorfall zum Poliren gebrauchen kann. Die Bahn aller Hammer muß zwar verstält seyn, aber vorzüglich bey dem Kruckhammer. Ueberdem aber wird sie bey dem letzten aufs beste polirt.

b) Der **Rohrstock** Fig. XXIV. ist blos eine eiserne Stange, die an einem Ende spitzig zusammenläuft, weil man auf diesem runden Eisen die zugeschnittenen platten Bleche zu Röhren rund schmiedet. An dem engern Ende hat er zu keinem andern Zwecke einen Hacken, als damit man ihn bequem aus der fertigen Röhre wieder herausziehen könne.

c) In die Löcher von verschiedener Grösse einer länglichten eisernen Platte steckt der Kupferschmid seine Nägel, wenn er den Kopf schmieden will. Er nennet dies Werkzeug ein **Nageleisen** Fig. XXV. In dieser Werkstätte werden auf eine doppelte Art Nägel verfertigt. Einige schmiedet der Kupferschmid aus einem maßiven Stück Kupfer und diese sind

die

die stärksten. Andre werden aus Blech zusammengerollet. In beyden Fällen wird der Kopf auf dem Nageleisen geschlagen. Soll der Kopf beym Einschlagen rund bleiben, so setzt man auf ihn das **Schelleisen**, Fig. XXVI, einen eisernen Stab, der an einer Grundfläche eine runde Vertieffung nach der Grösse des Kopfs hat. Daher muß der Kupferschmid Schelleisen mit Löchern von verschiedener Grösse besitzen. Andre Eisen von eben der Art haben statt des runden ein viereckigtes Loch, das aber tieffer, als das vorige seyn muß, und diese nennt man **Anzieheisen**. Der Nagel wird hiemit angezogen, oder, wenn er eingeschlagen ist, so setzt der Kupferschmid das Loch des Anzieheisens auf die Spitze des Nagels und treibt das Blech hiemit dichter an den Kopf des Nagels an.

Mit der Schärfe eines **Meissels** Fig. XXVII. zertheilt der Kupferschmid die Kupferbleche oder das eiserne Drath und mit dem spitzigen **Durchschlag** schlägt er die Löcher in das Kupfer, wodurch er die Nägel zieht. Er legt alsdenn das Blech auf das **Untereisen**, eine halbe eiserne Kugel, die oben ein Loch hat.

Bey der feinen Arbeit werden die Löcher mit einem **Drellbohrer** gebohrt. Er wird, wie die zweyte Art der Drellbohrer beym Goldschmid (S. III. Sammlung p. 140) durch einen Bogen bewegt. Der Kupferschmid regiert nur dies Instrument auf eine andre Art, als der Goldschmid, denn er setzt beym Bohren die obere Spitze des Bohrers an ein Brett, das er mit Riemen vor der Brust festbindet. Er nennt daher dies Brett auch das **Brustbrett.**

i) In den **Schraubestock** werden feine Arbeiten gespannt, wenn sie sollen polirt werden. Wiewohl, dies Instrument ist den Metallarbeitern bey hundert Vorfällen nützlich.

k) Der Gebrauch der **Feilen** von verschiedener Gestalt, bey der Bearbeitung der Metalle, ist bekannt genug. Mit den **Raspeln** polirt der Kupferschmid blos die Bahn seiner Hammer, wenn sie sich ausgeschlagen hat.

l) Das **Schabeeisen** Fig. XXIX. ist eine kurze aber starke Klinge, die auf ihrem hölzernen Heft gekrümmt steht. Hingegen ist die Klinge des **Schabemessers** Fig. XXX. gerade. Mit diesen beyden Werkzeugen wird der sogenannte Salpeter, oder der irrdische Ansatz in den kupfernen Küchengeschirren, und auch die unbrauchbare Verzinnung ausgekratzt, wenn in dem letztern Fall das Kupfer vorher heiß gemacht ist. Bey Theekesseln schlägt der Kupferschmid mit hölzernen Hammern an die äussere Fläche dieses Geschirres und giebt ihnen ihre Gestalt wieder, wenn der sogenannte Salpeter sich von dem Kupfer abgesondert hat. Die künstlichen Theemaschinen würden hiebey der Gefahr, beschädigt zu werden, ausgesetzt seyn, und daher kratzt er die versteinerte Erde blos mit den Schabemessern und Schabeeisen ab.

m) **Bum**

m) **Bunzen** und **Grabstichel** haben bey den Kupferschmid eben die Bestimmung, wie bey dem Goldschmid. Es ist aber bekannt, daß der Kupferschmid beym Treiben und Graviren nicht die Sorgfalt anwendet, die man bey den edlen Metallen erwartet.

n) Das **Gerbestahl** Fig. XXXI wird beym Poliren gebraucht. An einer eisernen Stange mit einem Heft ist oben ein Hacken 1. in der Mitte aber das Stahl 2. Die vorderste Fläche des letztern ist ovalrund. Beym Gebrauch spannt der Kupferschmid einen hölzernen **Kloz**, mit einem eisernen Ringe, Fig. XXXII. in einen Schraubestock, hackt das Gerbestahl in den nur gedachten Ring, legt das Kupfer, das er poliren will, auf den Kloz unter dem Stahl und reibt es mit demselben. Er bedient sich aber auch des bekannten **Polirstahls** der Metallarbeiter.

C. Des Kupferschmids vorzüglichste **Waaren** sind Kessel, Braupfannen, Blasen, Kühlröhren, Wasserwannen oder Spülfässer und Gießkannen, Tortenpfannen, Töpfe, Koffeekannen, Theemaschinen, die Platten für die Kupferstecher u. a. m. Die meßingene Waaren verkaufen sie nur, denn sie erhalten dieselben schon verfertigt von dem Meßingwerke. Sie bearbeiten das Kupfer auf eine vierfache Art und aus diesem Gesichtspunkte können ihre **Handgriffe** durch Beyspiele begreiflich gemacht werden.

a) Einige Waaren schlagen sie aus dem Ganzen und hiezu gehören die **Kessel.** Der Kupferhammer überliefert dem Handwerker zu diesem gewöhnlichen Küchengeschirren die Schalen und dieser wählt eine von denselben nach der Grösse des Kessels, den er schmieden will. Ein Kessel besteht aus drey Theilen, dem **Bodenstücke**, den zurückgezogenen oder **eingelegten** Seiten und der **Stempe**, oder der Kante am Rande. A. Die hölzernen Hammer geben der Schale, vor dem Glüen, die grobe Gestalt eines Kessels. Der Kupferschmid schlägt mit dem Bodenhammer die untere Rundung der Schale auswendig zurück, damit das Kupfer sich an den Seiten der Schale mit dem Seitenhammer nach dem Innern des Kessels ausbauchen lasse. Die Ecke des Bodens bildet der Polterhammer. Alsdenn giebt der Kupferschmid mit dem Stemphammer Fig. XVIII. dem Kessel eine Stempe. Er lehnt hieben den Boden des Kessels auf das Brett des Kaltschlagambosses Fig. XII. 4. damit er ihn bequem beym Schlagen drehen und mit der Stütze richten könne. Der Kessel liegt etwas unter dem Rande auf der Kante des Ambosses und der Hammer berührt beym Schlagen die innere Fläche des Kessels. B. Allein bey dem Schlagen mit hölzernen Hammern bekomt der Kessel Beulen und diese müssen ihm die eisernen Hammer benehmen und zugleich den Kessel zur Vollkommenheit bringen. Der Kupferschmid legt daher den Kessel auf den Stockamboß

amboß Fig. XIII. und ebnet den Boden mit dem Reihenhammer Fig. XIX. Der Hammer schlägt bald auf die innere, bald auf die äussere Fläche des Bodens, so wie es der Kupferschmid für gut befindet, und dies gilt in allen übrigen Fällen. Die Kante am Boden schlägt er mit dem Weiterhammer Fig. XXI. auf eben dem Amboß und die zurückgezogene Seite des Kessels auf einem Liegamboß Fig. XIV. 3. mit dem Tiefhammer Fig. XX. Mit eben diesen Werkzeugen wird auch die Stempe geebnet. Der Handwerker glüet hieben das Kupfer so oft, als es seine Biegsamkeit verlieret und dies hängt von der Güte des Kupfers ab, denn je zäher das Kupfer von Natur ist, desto seltener sieht sich der Kupferschmid zu diesem Mittel, es streckbar zu machen, genöthigt. Man siehet leicht, daß er dies so selten, wie möglich thun wird, da das Glüen dem Metall jederzeit etwas entziehet. In der Folge wird sich der Leser diese Anmerkung bey allen übrigen Beyspielen in Gedanken wiederholen. Endlich beschneidet der Kupferschmid den Rand des Kessels mit der Stockscheere Fig. XII. 3., dem er schon beym Schmieden zwey Spitzen gegeneinander über gegeben hat. C) Der verfertigte Kessel erhält auswendig einen rothen, inwendig einen weißlichen Anstrich. Das erste heißt er die **rothe**, das leztere die **weiße Glut.** Man macht aus Asche, Kienruß und Urin eine Lauge und überstreicht hiemit die äussere Fläche des Kessels, das Innere aber benetzt man mit Salzwasser. Der Kessel wird alsdenn geglüet und in dem Plätzfasse Fig. IX. 12. **abgeplätzet.**

Anm Der Kupferschmid theilt die Kessel in Spitz- und Waschkessel ein. Die letztern sind blos von jenen darin unterschieden, daß der Dauerhaftigkeit wegen um den Rand des Kessels ein Drath gelegt wird. Der Profeßionist biegt das Drath um den Kessel und schlägt das Blech, das etwas über dem Drath hervorragt, mit einem Polter- und Tiefhammer um das Eisendrath. Die Caßerollen (Kastrolen) erhalten gleichfals diesen dauerhaften Rand.

b) Die **Braupfannen** gehören zu derjenigen Arbeit des Kupferschmids, dessen Theile er durch Nägel zusammenfügt. A. Der Boden einer solchen Pfanne wird aus 12 starken Kupfertafeln zusammengenagelt. Man vertheilt diese Tafeln in drey Reihen, daß jede Reihe vier Tafeln bekomt. Zuerst werden zwey Tafeln besonders zusammengenagelt. Die Tafeln liegen jederzeit 3 bis 4 Zoll über einander und dieser Theil, wo sie sich berühren, wird vorher **abgezogen.** Abziehen nennt der Kupferschmid, wenn er den Theil einer Tafel, wo sie mit der andern soll zusammengelegt werden, mit den Hammer und mit der Feile schärft, daß sie genau an einander schliessen. Hierdurch erreicht der Kupferschmid eine doppelte Absicht, daß sich die genau vereinigten Täfeln nicht unter einander reiben, und daß beym Kochen in diesem grossen Gefäße das Wasser nicht zwischen den Tafeln durchdringet.

Der

Der Kupferschmid fügt die abgezogenen Theile der Tafeln zusammen, schlägt mit dem Durchschlage Fig. XXVIII. zwey Reihen Löcher neben einander, zieht durch diese starke Nägel und verniedet sie. Auf eben die Art werden jederzeit zwey und zwey Platten und auch alle drey Reihen vereinigt. Zuletzt wird der ganze Umfang des Bodens umgekrempt, oder der Rand wird um einige Zoll nach einem rechten Winkel erhöhet. B. Jede Seite der Braupfanne nagelt der Kupferschmid auf eben die Art aus zwölf Blechen zusammen. Die Pfanne ist ein längliches Viereck und der Kupferschmid nennt die Bleche der längsten Seite, **Seitenbleche**, der schmälern aber, **Stirnbleche**. Die letztern werden, wie der Boden, gekrempt, aber noch etwas stärker und dieserhalb werden sie, zusammengenommen, etwar schmäler, als die Seitenbleche. Dies Umkrempen geschieht entweder auf einem vierkantigen Stück Holz auf der Erde, oder auch mit einer starken Kneipzange. An diese umgekrempten Theile der Stirnbleche nagelt er die Seitenbleche an. Zuweilen wird auch um den Rand ein starkes Drath und um die Kanten Eisenblech gelegt.

c) Das zweyte Mittel, wodurch der Kupferschmid seine Bleche zusammenfügt, ist das **Falzen**, eine Verwickelung zweyer Bleche an ihrem Rande. Eine kleine **Ofenblase** mag hier das Beyspiel seyn. Sie wird aus zwey Schalen geschlagen, die in der Mitte zusammengesetzt werden. Den untern Theil der Blase schmiedet der Kupferschmid wie einen Kessel, ausser daß seine Seite nicht zurückgezogen, sondern gerade ist, und dies gilt auch von dem obern Theile. Der Hals des letztern ist eingezogen und etwas ausgebaucht und der Kupferschmid bewirkt dies mit dem Weiterhammer Fig. XXI. auf einem liegamboß Fig. XIV. 3. Dieser obere Theil bekomt einen Deckel und daher muß mit einem Meissel ein rundes Blech aus dem Boden der Schale ausgeschlagen werden. Den Reif, oder die Zarge, worauf sich der Deckel passen soll, bildet der Profeßionist auf dem Sperrhorn Fig. XVI. Bey der Verfertigung der beyden Hälften muß er mit der grösten Genauigkeit dahin sehen, daß ihr Umkreis, wo sie zusammengesetzt werden, völlig gleich ist, damit sie sich genau auf einander passen. Diesen Umkreis beyder Theile krempt er etwa um ½ Zoll um, doch so, daß die Borte, oder das Umgekrempte des obern Theils etwas breiter ist, als die Borte des untern. Er setzt hierauf beyde Theile genau zusammen und schlägt mit einem Hammer den vorstehenden Kreis der obern Borte um die untere, legt die Blase auf einen Fälzamboß Fig. XIV. und schlägt das Umgekrempte fest an die Blase an. Ein solcher **Falz** widerstehet dem Durchdringen flüßiger Körper so gut, als das Löthen. Endlich wird der Deckel aus einer kleinen Schale oder auch aus Blech auf einem Stockamboß ausgebaucht und seinen Reif, womit

mit er auf die Zarge der Blase aufgesetzt wird, schlägt der Kupferschmid gleichfals auf einem Sperrhorn. Inwendig verzinnt man die Blase, wovon sogleich soll geredet werden.

b) Das dritte und das gewöhnlichste Vereinigungsmittel der Kupferbleche ist das **Löthen.** Zu Beyspielen hat man folgende Stücke gewählt:

A. Das Löthen grosser Waaren wird sich am besten bey einer **Kühlschlange**, oder einer Röhre zum Kühlfaße beym Brantweinbrennen, zeigen lassen. Der Kupferschmid besitzt schon Muster, wonach er das Blech zu dieser Röhre mit der Stockscheere zuschneidet. Dies zugeschnittene Blech schlägt er mit hölzernen und eisernen Hammern um den Rohrstock Fig. XXIV. daß die beyden Seiten des Blechs etwas über einander liegen, wo man sie nachher zusammen löthet. Er bestreicht diesen Ort mit Wasser, streuet Borax und gekörntes Schlagloth auf und hält es über glüende Kolen, bis der Borax schäumt und trocknet. Alsdenn wird in der Esse ein Kolenfeuer angemacht und die Röhre in die Glut gelegt, wenn vorher der Rohrstock ausgezogen ist. Man legt auch wol auf die Röhre Kolen, weil die Glut stark seyn muß. Die Röhre wird wieder aus dem Feuer genommen, sobald das Schlagloth durchgängig flüßig ist und sie ist nach dem Erkalten gelöthet. Wer weiß

weiß nicht, daß diese Röhren gekrümmt sind? Das Kupfer würde aber brüchig werden, wenn man sie ohne ein Verwahrungsmittel biegen wollte. Die Röhre wird dieserhalb mit geschmolzenen Bley angefüllt und alsdenn erst aus freyer Hand gebogen. Allein der Kupferschmid muß die Kühlschlange wieder von dem Bley reinigen und zugleich das Bley zu erhalten suchen. Um diesen doppelten Zweck zu erreichen macht er einen Kreis von Sand, zündet in demselben ein Kolenfeuer an und legt auf dasselbe die Röhre, aber etwas geneigt, damit das Bley abfliessen kann. Begüterte Kupferschmide schmelzen aber die Röhre nicht in einem Kreise von Sand, sondern in einer grossen eisernen Pfanne, auf die vorgedachte Art, aus.

B. Der Körper eines **Theekessels** wird gleichfals aus einer Schale geschlagen. Den platten Boden schmiedet der Kupferschmid auf dem Bodeneisen Fig. XIV. 9. den Bauch auf dem Theekesselamboß 7. den Hals auf dem Halsamboß 6. und den obern Reif, worauf der Deckel aufgesetzt wird, auf einem Sperrhorn. Er bedient sich hiezu eben der hölzernen und eisernen Hammer, wie bey den Kesseln. Der Deckel wird aus einer kleinen Schale oder auch aus Blech auf einem kleinen Stockamboß Fig. XIII. und sein Reif auf einem Sperrhorn geschmiedet. Den meßingenen Knopf auf dem Deckel gießt der

Kupfer-

Kupferschmid entweder selbst, wie der Goldschmid, in Gießflaschen, oder läßt ihn von einem Gelbgiesser giessen, polirt ihn mit einer Feile oder auf dem Drehrade und löthet ihn an. Die Röhre an dem Körper des Theekessels wird, wie die Röhre zum Kühlfaß, auf einem Rohrstock oder Sperrhorn geschlagen, zusammengelöthet und gebogen. Den Henkel mit seinem Gewinde schneidet der Kupferschmid aus Kupferblech mit der Stockscheere, biegt ihn glüend, vereinigt ihn durch Nägel mit dem Gewinde und nagelt das leßtere an den Theekessel an. Die Röhre vereinigt er erst nach dem Verzinnen durch Schnelloth mit dem Kessel. Es müssen daher erst die Handgriffe bey dem **Verzinnen** erzehlt werden. Vor allen Dingen wäscht der Kupferschmid das Innere des Kessels, welches er mit Zinn überziehen will, sorgfältig mit Eßig und Salz und reinigt hiedurch das Kupfer von aller Kupferasche, weil sich das Zinn mit diesem verschlackten Kupfer schlechterdings nicht vereinigt. Hienächst bestreut er die Fläche, die er verzinnen will, durchgängig mit zerstossenem Salmiak. Unterdessen hat er schon Zinn in einem Schmelzlöffel geschmolzen und dies gießt er in den Kessel, wenn er ihn vorher stark heiß gemacht hat. Er bewegt den Kessel dergestalt über einem Kolenfeuer, daß sich das Zinn nach allen Orten ausbreitet und nimt es

mit

mit Werk ab, wenn es sich auf einer Stelle zu stark gehäuft hat. Es würde sonst das Ueberflüßige beym Gebrauch des Kessels bald abschmelzen. Man übergießt den Kessel zu zwey verschiedenen malen mit Zinn, damit das Zinn den Kessel inwendig an allen Orten bedecke. Endlich macht der Kupferschmid mit einem Cirkel auf dem Bauche des Kessels einen Kreis nach der Grösse der untern Oefnung der Röhre, die er ansetzen will, und löthet sie mit Schnelloth vermittelst eines Löthkolbens an. Dies geschieht aus der Ursache nicht mit Schlagloth, weil man die Röhre bey einem neuen Verzinnen abnehmen muß, theils um bequemer zu dem Innern des Kessels zu kommen, theils aber auch, um die Röhre selbst desto besser reinigen zu können. Gewöhnlich werden die Theekessel polirt und dies geschieht folgendergestalt: Der Kupferschmid giebt ihm erst die sogenannte weisse Glut, alsdenn beizt er ihn mit Eßig und Salz und endlich glättet er den Kessel auf dem Faustamboß Fig. XV. mit dem Polirhammer. Auf eben die Art polirt er alle Waaren, die nicht die feinste Politur erhalten sollen. Dies führt mich endlich auf eine

C. **Theemaschine**, die künstlichste Arbeit eines Kupferschmids, der er daher auch eine vorzügliche Glätte giebt. Die Gestalt dieser Maschine ist willkührlich. Einige sind einem

Kegel

Kegel ähnlich, andere aber haben in der Mitte eine Ausbauchung. Das Behältniß, worin die Kolen geschüttet werden, pflegen die Kupferschmide gleichfals auf eine doppelte Art anzubringen. Bey der ersten Art stehet zu diesem Zweck in dem Fuß der Maschine ein Kolenbecken. Andre Kupferschmide stellen dagegen eine weite Röhre senkrecht auf den Boden des eigentlichen Körpers, die unten auf einem Rost steht, oben aber offen ist. Dies letzte hat den Vorzug, daß man ohne viele Weitläuftigkeit den Deckel der Maschine öfnen und die Kolen einschütten kann und daher wähle diese letzte Art. Eine solche Maschine besteht aus drey Theilen, dem Körper selbst mit der gedachten Röhre zu den Kolen, dem Fuß und dem Deckel. a) Den Körper schlägt der Kupferschmid entweder aus einer Schale auf einem Liegamboß Fig. XIV. 3. und hauet hernach den Boden mit einem Meissel aus. Oder er wird aus einem Blech auf eben dem Amboß mit dem Tieff- Kreuz- und Kruckhammer zu einem runden Körper geschmiedet (**zusammengezogen**) und alsdenn im Feuer zusammengelöthet. Unten, wo der Boden soll angesetzt werden, erhält dieser Theil auf dem Sperrhorn einen Reif. b) Den platten Boden schmiedet der Kupferschmid auf einem Liegamboß und krempt ihn um, damit er den oben gedachten Reif des Körpers

pers und das Umgekrempte des Bodens in einander schieben und beyde Theile mit Schlagloth zusammenfügen kann. Allein schon vor der Verknüpfung dieser Stücke wird die Röhre zu den Kolen, die einem abgekürzten Kegel gleicht, aus Kupferblech zugeschnitten, auf dem Rohrstock Fig. XXIV. zusammengezogen, unten umgekrempt und zusammengelöthet. Sie ragt bis in den Deckel, wenn sie bereits in der Maschine steht, daß man bequem Kolen einschütten kann, und sie ist deshalb unten weiter als oben, damit sie hinreichend Kolen fasse. Nach dem Umkreise der Grundfläche dieser Röhre schlägt der Kupferschmid mit einem Meissel aus dem Boden eine Scheibe aus und nagelt unter dem Loche ein Eisenblech mit Löchern, den Rost an. Ueber diesem Rost befestigt er mit Schlagloth oder auch mit Nägeln die Röhre und vereinigt nunmehro den Boden und den Körper, wie bereits gezeigt ist. Die eingeschütteten Kolen liegen also auf dem Rost und die Asche fällt durch den Rost in den Fuß der Maschine. c) Dieser wird aus Kupferblech auf einem Liegamboß rund, zusammengeschmiedet und im Feuer gelöthet. Der Kupferschmid schlägt in den Fuß einige Löcher, damit in der Maschine eine Zugluft entstehe. Den Boden dieses Theils schneidet er blos aus Blech und vereinigt ihn mit dem Fuß durch das Falzen, dessen schon bey der Ofenblase gedacht ist. Oben erhält der Fuß auf dem Sperr-

horn

horn gleichfals einen Reif, worin sich die Zarge an dem Boden des Körpers passet, weil hiedurch beyde Theile zusammengesetzt werden. Der Profeßionist legt, der Haltbarkeit wegen, noch einen kupfernen Ring, den er aus Kupferblech schmiedet und an den Enden zusammenlöthet, um den Reif des Fusses. Der Reif ragt aber etwas über dem Ringe hervor und diesen vorstehenden Theil schlägt er um den Ring und befestigt ihn hiedurch. Der Fuß und der Körper werden aber nicht zusammengelöthet, sondern nur in einander gesetzt, denn man muß den Fuß abnehmen können, wenn die Asche soll ausgeschüttet werden. Die ganze Maschine steht auf drey hölzernen gedrechselten Füssen, die durch Nägel an dem Boden des Fusses befestigt werden. d) Den Deckel schlägt der Kupferschmid auf einem Theekesselamboß rund. Zuweilen wird er zur Zierde nach Ecken gebrochen und der Kupferschmid legt ihn hieben auf den Halsamboß, oder auf jeden andern Amboß, der ihn hiezu am bequemsten ist, und treibt diese Winkel aus freyer Hand mit dem Hammer aus. Die Zusammenfügung des Deckels mit dem Körper durch eine Zarge ist bereits aus dem Vorigen bekannt. Endlich hauet der Kupferschmid oben aus dem Deckel ein rundes Stück aus und löthet dagegen in die Oefnung ein kleines Feuerbecken ein, das aber keinen Boden hat. Die Röhre mit den Kolen ragt beynahe bis an dies Feuerbecken und daher kann man bequem in demselben einen Topf mit Milch warm erhalten. Der Deckel und auch der Körper werden inwendig verzinnet. Die Kolen schüttet man beym Gebrauch in die Röhre und die Zugluft erhält sie stets in einer lebhaften Glut. Das Wasser in der Maschine umgiebt die erhitzte Kolenröhre und daher ist leicht zu begreiffen, daß in dieser Maschine das Wasser bald siedend wird. e) Den Hahn und die Griffe läßt der Kupferschmid von dem Gelbgiesser giessen. Der erste wird an seinem Orte in ein ausgeschnittenes Loch eingelöthet, die leztern aber werden angenagelt. f) Diejenigen Kupferschmide, die mit dem Drehrade der Zinngiesser umzugehen wissen, poliren diese Maschine am schnellsten und glättesten auf dem gedachten Drehrade. Sie bedienen sich beym Drehen erst der Feile, hernach der Dreheisen und endlich des Bimssteins und einer Kole. Das Polirstahl giebt zulezt dem Kupfer einen völligen Glanz. In Ermangelung dessen aber wird die Maschine erst mit dem Polirhammer geglättet, mit Tripel oder englischer Erde und Baumöl, vermittelst eines wollenen Tuchs, gescheuret und endlich mit trockenen Tripel abgerieben.

Zünftigkeit.

Die Kupferschmide trennen sich unter einander zwar in **Werkstätter-** und **Hammerschmide**, sie sind aber dem ohnerachtet durch ein gemeinschaftliches Gewerk verknüpft. In Berlin haben die Werkstätter

stätter zwar einen Altmeister und eine Lade, allein schon seit geraumer Zeit ist die Einrichtung getroffen worden, daß alle Kupferschmide in den Städten, die zur Kurmärkschen Kammer gehören, auf dem Kupferhammer zu Neustadt Eberswalde ein gemeinschaftliches Gewerk haben. Ohnstreitig aus der Ursache, weil in den kleinen Städten nur einer, höchstens zwey Kupferschmide wohnen, die sich ohnedem des Einkaufs wegen zuweilen auf den Kupferhammer begeben. In Berlin kann zwar ein Lehrbursche angenommen und losgesprochen werden, es ist aber kostbarer als auf dem Hammer, weil das Gewerk deshalb muß zusammengerufen werden. Das Meisterrecht wird im Gegentheil blos auf dem Kupferhammer erworben. Es gehört zu den **geschenkten Handwerken.**

A. Die **Lehrbursche** beyder Arten lernen 4 Jahre, wenn sie Lehrgeld geben, ohnedem aber 6 bis 7 Jahre.

B. Ein **Gesell** verdient in den Werkstätten wenigstens wöchentlich 1 Rthlr. Er muß sich 3 bis 4 Jahr in der Fremde umgesehen haben, ehe er sich zum Meister melden darf. Ein wandernder Geselle bekomt Essen und Trinken und überdem noch 2 Gr. und man reicht dieses Geschenk gegenseitig, dem Werkstätter auf dem Kupferhammer und dem Hammerschmid in den Werkstätten.

C. Der Werkstätter verfertigt zum **Meisterstück** eine Ofenblase; eine Spühlwanne mit einem

Fuß, der nicht angelöthet ist und sich doch eben so genau anschliessen muß, als wenn er mit der Wanne durch das Schlagloth vereinigt wäre; und einen Waschkessel. Alle diese Stücke werden zwar in Berlin in der Werkstätte des Altmeisters und in Gegenwart eines andern Meisters, den sie Schaumeister nennen, verfertigt, aber erst auf dem Kupferhammer aufgewiesen. Zwey Altmeister, einer aus Berlin und einer aus einer Landstadt, sind alsdenn mit den übrigen Meistern die Richter.

Die Hammerschmide bleiben insgemein lebenslang Gesellen und stehen auf dem Neustädtschen Kupferhammer unter der Aufsicht eines Hammermeisters, der stets ein Werkstätter seyn muß, damit er die Proportion der Schalen, nach dem Verlangen der Kupferschmide in den Städten, bestimmen kann. Nur in dem Falle kann der Hammerschmid Meister werden, wenn er einen kleinen Kupferhammer ersteht, deren es einige in der Neumark und in Pommern giebt. Alsdenn verfertigt er das Meisterstück der Werkstätter.

Fünfter

Fünfter Abschnitt.

Das Meßingswerk.

Inhalt.

Das Meßing ist ein Werk der Kunst und wird aus Kupfer, Galmey, alten Meßing und Kolenstaub zusammengeschmolzen oder gebrannt. Wenn es in dem Brennofen zur Vollkommenheit gediehen, so gießt man es zwischen zwey grossen Sandsteinen zu einer Tafel und diese wird mit einer Scheere in kleine Theile zerlegt. Aus den letztern werden mit verschiedenen Hammern, die vom Wasser bewegt werden, Kessel und Meßingbleche geschlagen. Eine Art dieses Blechs zerschneidet eine Scheere in schmale und lange Theile und der Drathzug, der gleichfals durch die Zieharme einer Welle an einem Wasserrade in Bewegung gesetzt wird, verwandelt sie in Meßingdrath. Sowohl von dem Meßingblech, als von dem Drath beißt die Theergalle und der Weinstein in grossen Kesseln die Schwärze ab, welche sich durch das Glüen ansetzt. Endlich wird das Blech, zum Gebrauch der Meßingarbeiter, auf einer Seite polirt oder geschabt und der Beckenschläger verarbeitet es schon zum Theil auf dem Meßingswerke. Zu allen diesen Verrichtungen unterhält das Meßingswerk ohnweit Neustadt Eberswalde, welches bey dieser Beschreischreibung das Muster ist, folgende Hütten und Werkstätten: 1) Eine **Brennhütte**, worin das Meßing in 11 Ofen bereitet wird. Anjetzt aber brennen nur 8 Ofen. 2) Vier **Lattunhütten**, worin das Meßing zu Blech geschlagen wird. 3) Ein **Drathzug** von 6 Ziehbanken. 4) Drey **Scheibenzieherwerkstätten**, die, wie die Golddrathzieher, das grobe Drath verfeinern. 5) Eine Hütte, worin das **Blech** und das **Drath** in Kesseln gebeizt wird. 6) Drey **Schabewerkstätten**. 7) Fünf **Kesselhütten**. 8) Eine **Kesselbereiterwerkstätte**. 9) Zwey **Beckenschläger**. Nach dieser Ordnung werden die verschiedenen Beschäftigungen des Meßingswerks auf einander folgen.

Anm. Ueberdem ist zwar noch auf dem Meßingswerke ein Eisenhammer, der blos deshalb angelegt ist, um die eisernen Werkzeuge für den Meßingshammer zu verfertigen. Er ist aber in keiner Absicht von dem Prellhammer auf dem benachbarten Eisenhammer verschieden, dessen Beschreibung ihren Platz bey den Eisenarbeitern finden wird.

I. Die Brennhütte.

A. Man verbraucht in dieser Hütte nachstehende Materialien.

a) Das **Garkupfer** erhält dies Meßingswerk in Platten aus Rothenburg im Magdeburgischen.

b) Das **Meßing**, welches man beym Brennen wieder einschmelzt, wird theils von dem Abgang beym

beym Beschneiden des Blechs und der Kessel genommen, theils kauft man auch zu diesem Zweck alten Meßing auf.

c) Die Natur des **Galmeys** ist bis jetzt von den Naturkundigern noch nicht völlig erforscht. So viel ist gewiß, daß er Theile der Halbmetalle bey sich führt, überdem aber auch unmetallische Erde. Man zählt ihn daher zu den halbmetallischen Erden. Vorzüglich scheint er viel Zink zu enthalten, weil das Kupfer durch dessen Zumischung gelb und spröde wird. Er wird aus der Erde ziemlich locker aufgebracht und hat ungeröstet bald eine weißliche, bald eine graugelbe, bald eine röthliche Farbe. Der schwerste giebt dem Kupfer beym Brennen des Meßings jederzeit den größten Zuwachs und dieserhalb hat der rothe den Vorzug vor dem weissen und gelblichten. Auf dem Neustädtschen Meßingswerke erhält man aus Schlesien, über Breslau, rothen und weissen gerösteten Galmey und mischt beyde Arten beym Mahlen unter einander. Er wird auf einem Rittergute der Erben des Herrn von Gisches gegraben, dessen Namen der Verfasser nicht hat erfragen können.

Anm. 1) Der Galmey wird, wie die Erze gewonnen. Allein man wird in diesen Tabellen jederzeit das Gewinnen und Aufbringen der Metalle und Halbmetalle übergehen, weil Berlin zu weit von den Bergwerken entlegen ist, als daß man sie könnte in Augenschein nehmen. Dieser Mangel läßt sich aber leicht aus andern Schriften ersetzen.

 2) Der

2) Der Galmey wird durch das Rösten leichter und lockerer und daher geschickter, zerrieben zu werden. Man röstet ihn entweder auf einem angezündeten Holzstoß, worauf Galmey und Kolen abwechselnd geschüttet werden, oder auf dem Heerd eines steinernen Ofens. S. Schauplatz der Künste und Handwerke 5 Theil, 14 und 62. Seite.

b) Die erforderlichen **Kolen** werden in den benachbarten königlichen Wäldern, wie alle übrigen Schmiedekolen, **geschwehlet**. Man gebraucht sie theils zum Aufgeben bey dem Brennofen, theils werden sie zerstampft, um zu den Bestandtheilen des Meßings beygemischt zu werden.

c) Zur Verfertigung der Schmelztiegel läßt das Meßingswerk aus dem Magdeburgischen eine weisse **Thonerde** kommen.

B. Zu dem Brennen des Meßings gehören folgende Maschinen und Werkzeuge:

a) Der Galmey wird hier in einer gewöhnlichen **Mahlmühle** gemahlt und mit einem Handsiebe von Drath gesiebet. In eben dieser Mühle geht auch eine Welle, die auf einer Seite 4 Stampfen, wie in den Oelmühlen, hebt; auf der andern Seite der Welle aber bewegt sich ein hölzerner Hammer, der in einem ausgehöhlten Block den Thon zu den Schmelztiegeln zermalmet. Alles dies befindet sich in einem besondern Gebäude an der Fuhne, das von der Schmelzhütte verschieden ist. Man merke ein für allemal, daß die Wasserräder

aller

aller Hammerwerke, so wie die Mühle, von dem gedachten Fluß ihre Bewegung erhalten und daß die Räder, wegen des grossen Gefälles dieses Flusses anjetzt oberschlächtig sind.

b) Der **Brechblock** Fig. I. ist ein senkrechtstehender hölzerner Klotz, auf dem eine eiserne Platte liegt. Diese trägt zwey starke Eisen in der Entfernung 1 Fusses und an diese Eisen lehnt man die Platten des Garkupfers und zerschlägt sie mit dem **Brechhammer**, einem gewöhnlichen Schmiedehammer, ehe sie in die Schmelztiegel geworfen werden.

Anm. Der Engländer körnt das Kupfer, ehe er es in die Schmelztiegel bringt, indem er es flüßig macht und in ein verschlossenes Gefäß, mit Wasser angefüllet, ausgießt. Dies Gefäß hat oben eine Oefnung, daß man das Kupfer nur bequem durch einen Durchschlag eingiessen kann. Es ist schon aus dem vorigen bekannt, daß das Kupfer den Umstehenden schaden würde, wenn man es ohne diese Fürsicht ins Wasser giessen wollte. Das gekörnte Kupfer vermischt sich allerdings leichter mit dem Galmey und der englische Schmelzer behauptet, daß er hiedurch bey jedem Guß einige Pfund Meßing gewinne. S. Schauplatz der Künste und Handwerke S. 66.

c) Das Wichtigste in dieser Hütte sind die **Brennofen.** Wenn man in einen Eingang dieses Gebäudes tritt, so entdeckt man gleich an der Thüre zur Rechten eine grosse Scheere; in der Mitte der Hütte zur linken die Gießsteine; und einige Fuß vor der entgegenstehenden Wand erblickt das Auge auf dem Fußboden zwey Löcher neben einander, woraus Glut und Flamme herausschlägt. Dies letztere sind die Brennofen und vor ihnen ist eine viereckigte Grube. Eben dies siehet der Zuschauer, wenn er durch einen andern Eingang in dies Gebäude geht und alle 11 Brennofen machen daher eine Reihe vor der hintern Wand. Aus dieser Beschreibung wird der Leser sogleich ersehen, daß die Brennofen in der Erde stehen. Nur wenige Zolle ragt jeder Ofen über dem Fußboden hervor und dieser vorstehende Theil wird seine **Krone** genannt. Diese Erhöhung auf der Mündung des Ofens wird hier blos von dem Thon aufgehäuft, woraus man die Steine zu dem Brennofen verfertigt. Die Zeichnung Fig. II. kann den Brennofen, weil er sich in der Erde befindet, nur im Durchschnitt nach seiner Axe vorstellen. Der Ofen ist rund gemauert und der Durchmesser seiner Mündung 2. beträgt 1 Fuß 2 Zoll. Er erweitert sich aber nach dem Boden zu, damit 8 angefülte und ein leerer Schmelztiegel 3. Platz finden, auf dem Rost zu stehen. Ueber dem Thonlager, wovon sogleich soll geredet werden, hat er 3 Fuß im Durchschnitt und die Tiefe des Ofens beträgt 4½ Fuß. Der Boden ist aus einem eisernen **Rost** von starken eisernen Stäben 4. und aus einem Thonlager 5. von Tiegelerde auf dem Rost zusammengesetzt. In dem letztern sind einige Löcher, damit die Luft nach der Mündung des Ofens einen Durchgang erhalte und beym Schmelzen die Kolen anblase. Zugleich fällt auch durch diese Löcher die Asche in den

Aschen-

Aschenfall 6. unter dem Ofen. Der Aschenfall hat vorne ein Loch, damit man ihn von der Asche reinigen könne. In einem Durchschnittsriß läßt sich aber dies Loch nicht anbringen. Dieser Ursache wegen, zugleich aber auch, damit man den Ofen von unten beobachten und anlegen könne, ist vor den Löchern des Aschenfalls ein Gewölbe oder Keller, der sich vor allen 11 Ofen erstrecket. Auf der Mündung des Ofens ruht beym Schmelzen der **Janken** 7., eine Scheibe von Tiegelerde, mit einem Loch im Mittelpunkt, gleich einem Schleiffsteine. Dieser Deckel verschließt nur alsdenn den Ofen völlig, wenn die Hitze nur schwach seyn soll. Die Glut wird im Gegentheil lebhafter, wenn er nur zum Theil das Loch bedeckt und hiedurch läßt sich die Stärke des Feuers nach Willkühr vermehren und vermindern. Jederzeit über zwey Ofen ist ein Rauchfang. Der Ofen selbst wird aus Steinen 8. gemauert, die aus Tiegelerde gestrichen sind. Bey der Beschreibung der Tiegel soll die Zubereitung dieses Thons erzehlet werden. Man streicht sie, wie alle übrigen Ziegelsteine und läßt sie vor dem Gebrauch blos im Schatten austrocknen, denn sie brennen beym Schmelzen ohnedem hinlänglich aus. Sie werden auch mit Tiegelerde vereinigt. Ein solcher Ofen steht etwa 3 Jahre, wenn er fest gemauert ist.

Anm. Alles übrige Mauerwerk, unter und neben dem Ofen, ist blos aus Ziegelsteinen zusammengefügt.

d) Die Schmelztiegel, oder, nach dem Sprachgebrauch der Meßingbrenner, die **Krüge** Fig. III. sind ziemlich cylindrisch, aber doch oben etwas weiter, als unten. Ihre Höhe beträgt $1\frac{1}{2}$ Fuß und der Durchmesser ihrer grösten Weite 5 Zoll. Der weisse Thon zu diesen Tiegeln und auch zu den Steinen des Brennofens wird erst in einem Brennofen gebrannt, alsdenn durch den hölzernen Hammer in der Mühle zu einem feinen Mehl zerschlagen, mit einem Handsiebe gesiebet, mit Wasser angefeuchtet und endlich mit den Füssen zu einer steifen Masse geknetet. Der Meßingbrenner drehet sie selbst, wie der Töpfer einen Topf, ausser daß er seine Scheibe mit der Hand bewegt, vermittelst eines Getriebes unter der Scheibe. Er schlägt sie mit einem breiten Brett, damit sie fest werden in dem Brennofen und brennet sie.

Anm. Man nimt hier zu den neuen Tiegeln nicht zermalmte Theile von den alten Tiegeln, wie in Frankreich.

e) Mit einem Handhammer, dem **Bodenhammer**, wird das Meßing, das man zuerst in die Tiegel wirft, wenn es glüend ist, eingedruckt.

f) Die **Treck**- oder **Ladezange** Fig. IV. ist eine gewöhnliche Schmiedezange, aber mit 5 bis 6 Fuß langen Griffen, weil man mit diesem Instrument die Tiegel aus den Brennofen nimt und wieder hineinsetzt. Die Arbeiter haben ein Stück Filz in der Hand, wenn sie diese und alle übrigen Zangen anfassen.

g) Die

g) Die **Breit- oder Richtzange** Fig. V. hat gerade Kneipen, welche nach der Dicke eines Schmelztiegels von einander abstehen. Mit diesem Werkzeuge werden die Tiegel gehörig in dem Brennofen gestellt. Haben die Kneipen vorne noch Widerhacken, so heißt die Zange eine **Schlackenzange** und mit dieser werden die Schlacken und die Scherben der zerbrochenen Schmelztiegel aus dem Ofen genommen.

h) Das **Kaljol** ist ein rundes Eisen an einem Stiel, womit es aber einen Winkel macht. Fig. VI. Dieses Werkzeugs bedient sich der Meßingbrenner, wenn er vor dem Giessen den Schaum von dem flüßigen Metall in den Tiegeln abnehmen will. Er nennt das Abschäumen **mundiren**.

i) Die **Gießzange** Fig. VII hat vier Griffe und in der Mitte zwey Ringe, die zusammengefügt einen Schmelztiegel umschliessen. Beyde Eisen, woraus sie besteht, sind nur in einem einzigen Gelenk 1. zusammengefügt, damit man die Ringe öfnen und den Schmelztiegel ergreifen könne. Ueber dem einem dieser Ringe steht noch ein andrer Ring 2. und zwischen beyden ist ein Zwischenraum. Beym Giessen umschließt die Zange den Tiegel dergestalt, daß diese beyden Ringe über einander diejenige Seite des Tiegels umgeben, wo man das Metall ausgiessen will. Das Meßing fließt alsdenn durch den schmalen Raum zwischen beyden Ringen und der Schaum wird hiedurch genöthigt, in dem Tiegel zurückzubleiben. Mit einem eisernen Hacken, den **Jankenhacken**, richtet der Meßingbrenner den Janken Fig. II. 7. auf der Mündung des Ofens.

k) Das flüßige Meßing wird zwischen zwey über einander liegenden Sandsteinen 1. 2. Fig. VIII. die man die **Gießsteine** nennt, zu Tafeln gegossen. Auf der Kupfertafel steht Fig. VIII. eine körperliche Zeichnung der Gießsteine. Die Steine müssen weder zu hart, noch zu weich seyn. Im ersten Fall würden sie keinen Anstrich von Lehm, den man hier den **Röhrlehm** nennt, annehmen, und die weichen Steine würden leicht durch die Hitze des eingegossenen Metalls zerspringen. Die Steine, worin man auf dem Neustädtschen Meßingwerke gießt, werden bey Neisse in Schlesien gebrochen. Sie sind nicht alle von gleicher Grösse. Einer der grösten war 4 Fuß lang, 2½ Fuß breit und 9 bis 10 Zoll dick. Die Dicke nimt aber durch das Abschleiffen, wovon weiter unten reden werde, nach und nach ab. Der Steinmetzer, oder auch der Meßingbrenner, behauet sie nach dem Einkauf völlig glatt und alsdenn verbindet man jeden Stein mit dem **Steinbande** oder mit vier eisernen Stäben 3., welche die vier Flächen seiner Dicke in der Mitte umgeben, damit der Stein eine grössere Festigkeit erhalte. Der Steinmetzer hauet vorher schon einen viereckigten Einschnitt um den Stein, wo diese Stäbe sollen eingelegt werden. An jeder langen Seite

des

des Steinbandes sitzen zwey Ringe oder **Oehre** 5. worin man Hacken an einem Seil einer Winde legt, wenn die Steine sollen geneiget, oder der obere aufgeschlagen werden. Hinten hängen beyde Steine durch ein Gelenk an dem Steinband zusammen. Der untere Stein muß auf der Seite, wo man das Meßing eingießt, etwas länger seyn, als der obere, damit beym Giessen nichts verschüttet werde. In Ermangelung eines längeren Steins, ist an dem Steinband dieser Seite eine vorstehende eiserne Platte befestigt, die mit der obern Fläche des untern Steins parallel läuft. Man nennt es, das **Mundstück** 4. Zwischen beyden Steinen liegen die **Schienen** 6., drey Zoll breite eiserne Stäbe, die man stark, oder dünne wählt, nachdem die Tafel dick seyn soll und wodurch man auch die Länge und Breite der meßingenen Tafeln bestimmen kann. Dies letztere geschieht durch die Grösse der beyden langen und der breiten Schienen. Man sieht leicht, daß vor dem Mundstücke keine Schiene liegen muß. Das flüßige Meßing würde aber neben den Schienen durchdringen, wenn man nicht alte leinene Tücher, oder, weil diese leicht verbrennen, an deren statt Schilf zwischen die Schienen und Steine legte.

Schon aus dem Vorigen ist bekant, daß die Gießsteine geneigt werden und dies ist deshalb nöthig, damit das flüßige Meßing sich schnell, ehe es erkaltet, zwischen den Steinen ausbreite. Die Form ruht

ruht in dieser Absicht über einer Grube auf einer **Brücke** 7. Bey diesem Worte gedenkt sich der Meßingbrenner ein starkes vierkantiges Holz, etwas länger als die Breite der Form. Es hängt über der Grube in zwey Zapfen, wovon nur einer 8. in der Zeichnung in die Augen fällt. In der Mitte dieses Holzes sind noch zwey eben so starke Hölzer eingezapfet, daß alle drey ein Kreuz bilden. Die beyden letztern Hölzer können in der Zeichnung nicht bemerkt werden. Auf dieser Brücke liegen die Gießsteine im Gleichgewichte und sind weiter nicht auf den Hölzern befestigt, als daß man sie mit etwas Lehm auf der Brücke anklebt. Ehe die Form geneigt wird, muß man beyde Steine mit den Schienen fest zusammenpressen. Ohnedem würden auch die Schienen sinken und das Meßing würde verloren gehen. Die Presse, die der Meßingbrenner eine **Steinschraube** nennt, besteht aus zwey eisernen Stäben, die auf der Brücke senkrecht stehen, und auf welche man einen horizontalen Stab, über der Form, stecken kann 15. Der senkrechte Stab der vordern Seite hat oben einige Löcher, wodurch man ein Eisen steckt, wenn man vorher einige Hölzer unter das horizontale Eisen gelegt hat. An dem hintern Stabe ist oben eine Schraube mit ihrer Schraubenmutter, die man mit einem Schlüssel anzieht und hiedurch die Gießsteine zusammenspannt. Alsdenn erst, wenn alles dies beobachtet ist, kann die Form

geneigt

geneigt werden und dies geschieht mit einer Steinwinde über den Gießsteinen. Es ruht nemlich auf den Balken der Hütte eine Welle 9. um welche sich eine Kette 10. schlingt, die zwey Enden und an jedem einen Hacken hat. An eben dieser Welle ist hinter dem Gießsteine ein Rad 11. um welches ein Seil 12. liegt, das nach einer kleinen Welle 13., kurz über dem Fußboden, gelenkt ist, und diese letztere Welle wird durch eine Kurbel 14. bewegt. Werden nun die Hacken der Kette 10. in die Ringe, am Verbunde auf der rechten Seite der Gießsteine eingehackt und bewegt man die Winde durch die Kurbel 14., so neigen sich die Gießsteine auf der linken Seite. Hackt man aber die Kette in die Oehre der linken Seite der Gießsteine, so kann man den Steinen mit der Winde wieder ihre horizontale Lage geben. Die Zeichnung stellt die Form geneigt vor. Mit eben diesem Instrument kann man auch den obern Stein aufschlagen, wenn die gegossene Tafel soll herausgenommen werden. Alsdenn werden nur die Hacken des Seils 10. mit den beyden vordern Ringen des obern Steins vereinigt und die Winde wird durch die Kurbel 14. bewegt.

Das flüßige Meßing würde sich an die Steine anhängen und erkalten, ehe es die unterste Schiene erreichte, wenn man die beyden innern Flächen der Form nicht mit einem leichten Körper übertünchte. Sie werden daher mit dem Röhrlehm, einem gesiebten Lehm, mit Wasser vermischt, bestrichen. Hiedurch wird zugleich alles Unebene der Steine weggeschaft. Der Ueberzug bleibt zwar zuweilen vier bis fünf Tage unbeschädigt, unterdessen muß man ihn doch vor jedem wiederholten Guß von neuen mit Kuhmist überstreichen. Zeigen sich aber auf dem Anstrich Risse oder Vertieffungen, so muß der Stein von neuen übertüncht und daher der alte Anstrich vorher abgerieben, oder nach der Sprache der Hütte, **gezogen** werden. Diesen Zweck erreicht man durch zwey Stangen mit Hacken, welche in die Ringe des eisernen Steinbandes 5. an beyden Seiten des obersten Steines eingehackt werden. Man bestreuet vorher den alten Anstrich mit Körnern von dem Meßingschaum, der beym giessen abgeht. Nach dem Sprachgebrauch der Hütte heissen diese Körner **Steinkupfer.** An den gedachten Stangen ziehen zehn Arbeiter den obern Stein auf dem untern hin und her und reiben hiedurch den beschädigten Anstrich ab. Es ist leicht zu begreiffen, daß die Dicke der Steine durch dies Abschleiffen nach und nach abnimt.

l) Endlich steht in der Brennhütte noch eine **Tafelscheere,** womit die gegossenen Platten in kleine Theile zerlegt werden. Sie ist wenigstens noch einmal so groß, als die grosse Scheere auf dem Kupferhammer. Der **Scheerenstock** Fig. IX. 1. steht einige Fuß in der Erde und hält den geraden Schenkel der Scheere 2.

Zwey

Zwey eiserne Ringe um den Scheerenstock befestigen ihn in dem Holze. Die Scheere wird zwar, wie auf dem Kupferhammer, durch Menschen gedruckt, allein es muß hier schon eine größere Kraft angewendet werden, weil sie grösser ist und ein dickeres Metall zerschneidet. Dieserhalb ist der lange Arm der Scheere 3. mit einem 20 Fuß langen und $\frac{1}{2}$ Fuß dicken Hebebaum 4. durch ein Gelenk 5. verknüpft. Das eine Ende des Hebebaums steckt in einem Kloß und ist in demselben beweglich mit einem Bolzen 6. befestigt. Er hängt überdem in einem starken Seil an dem Boden der Hütte. Zwey Personen bewegen den Hebebaum an den beyden vordern Armen 4. und ein dritter Arbeiter steht auf dem Scheerenstock und führet die meßingene Tafel zwischen den Schneiden der Scheere. Wird der Hebebaum hinabgedruckt, so schneidet die Scheere, im Gegentheil eröfnet sie sich, wenn man ihn erhebt.

C. Es ist bey der Brennhütte noch übrig, zu zeigen, wie der Meßingbrenner beym Schmelzen oder **Brennen** des Meßings verfährt:

a) Aus dem Vorigen ist schon bekannt, daß die Bestandtheile des Meßings altes Meßing, Kupfer, Galmey und zerstossene Kolen sind. Der Verfasser getrauet sich aber nicht, zu entscheiden, ob der Kolenstaub, der nach dem Sprachgebrauch des Meßingbrenners **Stübbe** heißt, etwas zu der Masse des Meßings bey-

 trage,

trage, oder ob er blos die Glut in den Schmelztiegeln vermehre. Auf dem Meßingwerke behauptet man das letztere. Alle diese Stücke müssen vor dem Gebrauch gehörig zubereitet werden. Das alte Meßing wird über einem Ofen geglüet und hiedurch von allem Schmutz gereinigt, hernach aber auf einem hölzernen Block zu einer **Puppe** zusammengeschlagen, damit man es bequem in die Schmelztiegel legen könne. Der Galmey wird auf der Mühle gemahlen, mit einem Handsiebe gesiebt und sogleich in der Mühle abgewogen. Er sieht gemahlen wie ein feines Roggenmehl aus. Das Kupfer zerlegt man auf dem **Brechblock** Fig. I. in Stücke. Die Kolen von harten Holz werden erst gewaschen, weil alle irdische Theile beym Schmelzen schädlich sind. Hernach werden sie unter den oben gedachten Stampfen in der Mühle zermalmt, gesiebet und in einem hölzernen Gefäß (**Kumm**) mit dem gemahlten Galmey vermischt. Allein das Wichtigste ist, daß alle diese Dinge nach den besten Verhältniß in die Schmelztiegel gebracht werden. Das Geheimnißvolle ist bey Dingen dieser Art sehr gewöhnlich und daher hält es schwer, dies Verhältniß genau zu bestimmen. Nach den eingezogenen Nachrichten nimt man auf diesem Meßingwerke zu acht Krügen, die beysammen in einem Brennofen stehen, 30 Pfund Meßing und eben so viel Kupfer und Galmey. Zu dem letztern wird schon, vor dem Einschütten in die

Tiegel

Tiegel, eben so viel Kolenstaub gemischt und mit Wasser und Urin naß gemacht.

Anm. Nach dem Schauplatz der Künste und Handwerke mischt man 30 Pfund alten Meßing, eben so viel Kupfer, 60 Pfund Galmey und 20 bis 25 Pfund Kolenstaub unter einander, und hieraus entsteht eine Tafel von 85 bis 87 Pfund.

b) Mit dieser Masse werden die Schmelztiegel zu gleichen Theilen angefüllt, welches der Giesser die **Krügeladens** nennt. Sobald ein Schmelztiegel bey einem Guß ausgeleert ist, so wirft der Meßingbrenner etwas alten Meßing hinein und setzt den Tiegel mit der Ziehzange Fig. IV. wieder in dem Ofen. Nach dem Guß hohlt er einen Tiegel nach dem andern wieder aus dem Ofen, wirft Galmey mit Kolenstaub vermischt hinein, und schlägt das Meßing und Kupfer mit einem Ladehammer in die gedachte Mischung fest ein. Auf diese Art fährt der Meßingbrenner fort mit verschiedenen Lagen von Galmey und Metall den Schmelztiegel zu laden und druckt alles fest ein. Man hält beym Laden den Tiegel mit einer Zange fest und ihre Griffe werden mit einer **Micke**, d. i. zwischen zwey senkrechten Hölzern auf einem Kloß, zusammengedruckt. Endlich setzt man mit der Richtzange Fig. V. den leeren Tiegel in die Mitte des Ofens und um diesen die übrigen in einem Kreise, doch so, daß die Zuglöcher in dem Thonlager nicht bedeckt sind. Diese Zuglöcher müssen aber vorher mit einem eisernen Stabe ausgeräumet und wenn sie sich erweitert haben, ausgeschmieret werden. Endlich werden Kolen durch die Mündung des Ofens aufgegeben, denn es schadet der Masse nicht, wenn gleich die Kolen in die Tiegel fallen. Man bedient sich hiezu blos der Holzkolen. Das Feuer muß erst nur gelinde seyn und der Meßingbrenner schüttet daher nur wenige Kolen in den Brennofen und versperret mit dem Deckel Fig. II. 7. seine Mündung. Nach und nach wird aber die Glut durch zugeschüttete Kolen und durch das Zurückziehen des Deckels verstärkt. Die Masse in den Schmelztiegeln überläßt man blos der Glut, ohne sie umzurühren. Das Meßing soll in dem Brennofen aus seinen Bestandtheilen zubereitet werden, und daher wird zum Schmelzen dieser metallischen Mischung mehr Zeit erfordert, als zum Kupfer, das nur soll flüßig gemacht und in dem Feuer von seiner Unreinigkeit befreyet werden. Allein die Kennzeichen, wenn das Meßing in den Schmelztiegeln zu seiner Vollkommenheit gediehen ist, verschweigt der Meßingbrenner auf das sorgfältigste. Es läßt sich daher hievon nichts weiter sagen, als daß das Meßing zwölf Stunden und zuweilen, nach Beschaffenheit der Umstände, noch etwas länger in dem Brennofen steht und daß alsdenn aus dem Ofen sowohl, als aus den herausgenommenen Schmelztiegeln eine blaue mit weiß vermischte Flamme schlägt.

Anm.

Anm. Ohnstreitig besteht darin die größte Geschicklichkeit des Meßingsbrenners, daß er die Glut kennet, die das Meßing in jeder Stunde haben will und daß er sogleich die Zeichen seiner Güte bemerkt. Von dem ersten sagt der Schauplatz der Künste und Handwerke im V. Theil p. 74. „Man erkennt, daß sie (die Glut) zu „stark ist, wenn um die Tiegel keine Flamme „erscheint, und daß sie zu schwach ist, wenn so„wohl die, welche an den Tiegeln leckt, als auch „die, so aus den Ofen geht, klar und grünlich ist.“ Die gedachten Kennzeichen der Güte des Meßings scheinet der Verfasser auch nicht gewust zu haben.

c) Der Meßingbrenner schreitet sogleich zum **Giessen**, wenn er die ihm allein bekannten Zeichen der Güte bemerkt. Er holet mit der Treck-Zange Fig. IV. den leeren Tiegel aus dem Ofen, der erhitzt genug seyn muß, um die Ladung der übrigen Tiegel nicht erkalten zu lassen. Er ist alsdenn, wie alle übrigen Schmelztigel, stark rothglüend. Dieser Tiegel wird in eine Grube vor dem Schmelzofen gesetzt, die der Meßingbrenner das **Monthal** nennt. Hierauf nimt der Arbeiter mit der gedachten Ziehzange einen Tiegel nach dem andern aus dem Ofen setzt ihn auf den Fußboden und neigt ihn über den leeren Tiegel in der Grube. Indem er das flüßige Meßing ausgießt, schäumt er zugleich mit dem Kaljol Fig. VI. das Meßing ab und dies nennt er **mundiren**. Der Schaum fällt über den Schmelztigel, wie eine flüßige Glut, weg in die Grube, das Meßing aber fließt in den leeren Tiegel. Aus beyden Tiegeln schlägt alsdenn eine blauweisse Flamme. In jeden ausgeleerten Tiegel wirft er sogleich eine Meßingpuppe und setzt ihn wieder in den Ofen. Sind nun alle Krüge in den leeren ausgegossen, so ergreiffen zwey Personen diesen Tiegel mit der Gießzange Fig. VII. tragen ihn zu den Gießsteinen Fig. VIII. und giessen ihn aus. Schon vorher hat man in den Gießsteinen die Schienen nach der Grösse der Tafel zurechte gelegt und die Steine mit Kuhmist beschmiert, damit das flüßige Meßing zwischen den Steinen desto schneller hinablaufe. Alles dies ist schon weiter oben weitläuftig beschrieben worden. Der Schaum, den das Kaljol noch nicht abgenommen hat, wird durch den oben gedachten Ring an der **Gießzange** in dem Tiegel zurückgehalten. In eben dem Augenblick giebt man mit der Steinwinde Fig. VIII. 9. den Gießsteinen wieder ihre horizontale Lage. Der obere Stein wird mit eben der Winde zurückgeschlagen und die Meßingtafel mit einer gewöhnlichen Zange, welche die **Tafelzange** heißt, von dem unterm Gießstein abgenommen. Sie ist zwar noch glüend, aber doch dichte und tragbar. Auf diese Art entstehet ein künstliches Metall, welches ein gefälligeres Ansehen, als das Kupfer hat, und doch wohlfeiler ist. Ein Giesser und ein Knecht besorgen zwey Ofen. Die Masse der acht Tiegel eines Ofens giebt bey jedem Guß eine Tafel. Die Form wird daher gleich wieder mit Kuhmist beschmiert und zum Giessen einer Tafel aus

dem

dem zweyten Ofen, das nach einiger Zwischenzeit geschicht, geneiget. Eine Tafel, die aus ihren Bestandtheilen nach der oben gedachten Proportion zusammengeschmolzen ist, mißt $3\frac{1}{3}$ Fuß in der Länge, $1\frac{1}{2}$ Fuß in der Breite und ist ohngefähr $\frac{1}{4}$ Zoll dick. Ihre Schwere beträgt 60. 70. bis 80 Pfund. Nach dem Guß wird die Form bis zum nächsten Giessen mit einer wollenen Decke bedeckt und die Tiegel werden wieder geladen. Auf diesem Meßingswerke gießt man des Nachmittags um 4 Uhr und 12 Stunden nachher in der Nacht wieder. Nach dem Gießen in der Nacht vor dem Sonnabend gönnt man den Arbeitern Ruhe bis zum Sonntag Nachmittage, ausser daß einer in den Brennofen ein langsam brennendes Feuer unterhält. Dies Feuer wird bey der neuen Arbeit wieder verstärkt.

Anm. 1) Man brennt auf dem Neustädtschen Meßingswerke auch einen Domback und ein Rothmetall oder rothes Meßing, allein wer kann es diesem Werke verdenken, wenn es einige Geheimnisse hat? Es ist bekannt genug, daß alsdenn ein rothes Meßing entsteht, wenn man zum Kupfer nur wenig Galmey hinzumischt, und es ist daher blos die Frage, welche Proportion auf diesem Meßingwerke gebräuchlich ist? Man schlägt dies Metall gleichfals zu Blechen.

2) Bey dem Guß, wobey der Verfasser gegenwärtig war, waren die Thüren und Fenster nicht verschlossen und die Arbeiter hatten auch kein Tuch im Munde, wie in den französischen Giessereyen. Vielleicht ist das letzte nur in einem verschlossenen Gebäude nöthig.

 3) Der

3) Der Heerd des Ofens wird blos mit der Hand ausgeschmiert, wenn er beschädigt ist.

b) In eben dieser Hütte wird endlich auch noch die **Meßingtafel** mit der Tafelscheere Fig. IX. **zerschnitten.** Zu dem Meßingbleche zerschneidet man sie nach dem Augenmaaß in Stücke von verschiedener Grösse, nachdem das Blech eine grosse Länge und Breite erhalten soll. Die Stücke aber, die man zum Schlagen der Kessel anwenden will, werden dergestalt geschnitten, daß jedes viereckigte Stück beständig etwas kleiner ist, als das vorhergehende, damit man einen Satz Kessel bekomme, wo einer in dem andern stehet.

Anm. An die Brennofen setzt sich etwas Galmey, welches man **Galmeyblumen** nennt. Das Neustädtsche Meßingswerk weiß diesen Galmey nicht zu gebrauchen. Den Schaum in dem Monthal (der Grube vor dem Ofen) läßt man in Wasser weichen, bis die Meßingkörner, die sich etwa in dem Schaum befinden, zu Boden fallen. Die **Körner** nennt man Steinkupfer.

II. Die Latunhütte.

A. Der **Latun**, oder das Meßingblech, wird aus den kurz zuvor gedachten viereckigten Stücken einer Meßingtafel mit folgenden **Werkzeugen** und Maschinen geschmiedet.

a) Auf die **Glüe** wird in diesen Hütten das Meßing zum Auswärmen oder Glüen gelegt. Fig. X. Unter einem Rauchfang 1. ist vor der Brandmauer 2, in der Entfernung von 1 $\frac{1}{2}$ bis

bis 2 Fuß, eine Mauer 3. gezogen. Ihre Länge bestimt der Raum der Hütte, ihre Höhe aber beträgt 2 bis 2½ Fuß. Diese Mauer und zugleich die Brandmauer trägt **Glüebalken** oder horizontale eiserne Stäbe 4., welche parallel neben einander liegen und nur einige Zoll von einander abstehen. Unter diesen Stäben wird zwischen den Mauern das Feuer angehitzt.

b) Das **Hammerwerk** der Latunhütte ist dem Hammerwerke auf dem Kupferhammer im vorigen Abschnitt völlig gleich, nur sind seine Theile etwas kleiner, weil zum Schlagen des Meßings eine geringere Kraft hinreichend ist. Es ist daher blos nöthig, die Abweichungen in einigen Anmerkungen anzuzeigen. Vorher muß aber bemerket werden, daß das Hammerwerk in der Latun- und Kesselschlägerhütte auf der Kupfertafel in eine einzige Zeichnung Fig. X. gebracht ist. Beyde sind blos durch die Hammer verschieden, da sich in der Latunhütte nur Breithammer, in den Kesselschlagerhütten aber auch Tieff- und Polirhammer befinden.

A. Das oberschlächtige Wasserrad und das Gerinne (die **Arche**) von fichtenem Holze haben ziemlich die Proportion der Mehlmühlen und die eichenen Wellen 1. sind nicht so stark, wie auf dem Kupferhammer. An der Hütte ist eine breite Arche mit verschiedenen Schützen, weil das Aufschlagwasser mehrere Wasserräder zugleich beweget. Ueber dem innern Zapfen der Welle hängt entweder,

wie

wie auf dem Kupferhammer, ein Kessel, oder an dessen statt führt eine Rinne 2., die mit dem äussern Gerinne zusammenhängt, langsam Wasser hinzu. Jede Welle hat 3 **Kränze** und jeder enthält 12 eiserne **Hebelatten** oder **Kämme** 3. B. Der **Breithammer** 4. besteht aus eben den Theilen, wie die Hammer zum Schmieden des Kupfers, aus einem Helm, Schwanzring, Preller, einer Hülse mit verstählten Zapfen und dem verstählten eisernen Hammer selbst. Der Helm ist einige Fuß kürzer, als auf dem Kupferhammer und der eigentliche Hammer leichter. Es ist aber für dies starke Eisen keine bestimte Schwere festgesetzt, denn dies trägt wenig zu der Hauptabsicht bey. Der leichteste wiegt 50, der schwerste aber 107 Pfund. In dieser Hütte gehen 3 Hammer, deren Bahn cylindrisch gerundet ist und die mit dem Breithammer auf dem Kupferhammer einerley Gestalt haben. Fig. XII. 1. stellt einen solchen Hammer von vorne im Aufriß vor. Man unterstützt sie gleichfals, wenn sie ruhen sollen. C. Die Zapfen der Hülse des Hammers gehen in eisernen Pfannen, die in dem **Schilde**, zwey starken Bohlen, stecken und diese sind an zwey Säulen oder **Docken** 6. befestigt. D. Ueber jedem Hammer ist in den Latunhütten ein **Windrad** 7. von Holz, daß zwey Flügel hat und bey der Arbeit den schädlichen Meßingstaub abführt. Dies Windrad bewegt ein Riem, der sich blos um seine kleine Welle und um die

Haupt-

Hauptwelle 1. schlingt. E. Die Ambosse 7. gleichen einem länglichten Viereck und stehen blos in einem runden Klotz, dem **Amboßstock**, der aber in der Erde auf dem Kreutze, einem Verbund von Holz ruht, damit er nicht sinke. F. Ueber jedem Hammer hängt gleichfals eine Stange 8. an einem Hebel, der mit dem Schützbrett auf dem Wassergerinne zusammenhängt und wodurch man die Schütze erheben und niederdrucken kann, nachdem zu einer schnellen oder langsamen Bewegung Aufschlagwasser nöthig ist. G. Unter jedem Hammer sind eiserne Klammern 9. eingeschlagen, die mit dem Amboß eine gleiche Höhe haben und auf diesen ruht das Meßingblech beym Schlagen. In eben dieser Absicht liegen auch vor dem Hammer hölzerne Leisten. H. Hammer und Amboß müssen zum öftern polirt oder abgeschliffen werden und dies geschieht vermittelst

c) Eines starken **Schleifsteins**, den die Hauptwelle 1. gleichfals in Bewegung setzt. In der Zeichnung Fig. XI. würde dieser Stein die Welle 1. völlig unkennbar gemacht haben und die Bewegung des Steins würde demohngeachtet nicht in die Augen fallen. Daher steht auf der Kupfertafel Fig. XIII. ein besonderer Durchschnittriß dieses Steins mit einem abgebrochnen Stücke der Welle 1. Die gegen einander gekehrten Zapfen der Welle 1. und des Schleifsteins 10. ragen vor der Pfanne etwas hervor und diese vorstehenden Theile 11. sind

vier-

viereckig. Soll sich nun der Schleifstein bewegen, so vereinigt man diese beyden vierkantigen Theile durch eine **Muffe**, oder Hülse 12., die aber auf einen der vorgedachten viereckigen Zapfen 11. zurückgeschoben wird, wenn der Schleifstein ruhen soll. Die Schleifsteine erhält das Meßingswerk aus Pirna.

b) Endlich gebraucht man in dieser Hütte noch eine Stockscheere, um das Blech zu beschneiden. Sie ist schon aus dem vorigen Abschnitt bekannt.

B. Das Wasser bewegt die Hammer und daher sind die Handgriffe des Latunschlägers sehr einfach. Man glüet blos das Blech, regiert es unter dem Hammer und beschneidet es zuletzt.

a) Das Blech wird aus den in der Bremhütte zerschnittenen Tafeln geschlagen, die man von neuen auf der Glüe Fig. X. **auswärmt**. Man legt das Blech stoßweise auf die Glüe und macht unter den Blechen ein starkes, über denselben aber nur ein schwaches Feuer mit einem Holze, das eine lebhafte Flamme giebt. Das Meßing muß rothglüend werden und auf der Glüe erkalten. Es ist überhaupt von diesem Metalle zu bemerken, daß es, seiner Sprödigkeit wegen, glüend unter dem Hammer zerspringt und daß es sich nur alsdenn schlagen läßt, wenn es nach dem Glüen wieder kalt geworden ist. Allein es wird endlich durch das viele Schlagen gleichfals spröde und muß von neuen geglüet werden. Auf diesem Meßingswerke glüet man nur

des

des Vormittags, damit der Ueberrest des Feuers nicht zur Nachtzeit Schaden thue. Es werden in jeder Hütte 50 Centner zugleich geglüet und die Bearbeitung desselben beschäftigt den Latunschläger hinreichend bis zum nächsten Glüen.

b) Unter dem Hammer lenkt der Latunschläger das Blech dergestalt, daß dies Instrument einen Schlag neben dem andern z. E. nach der Breite des Meßings thut, so dichte an einander, daß die Schläge nicht zu sehen sind. Wenn er die eine Seite des Latuns nach Parallellinien nach der Breite hat überschmieden lassen, so kehrt er das Blech um und regiert es auf die gedachte Art nach der Länge. Gewöhnlich übertrift die Länge des Blechs um ein ziemliches die Breite, und daher muß er dies letztere zum öftern wiederholen. Haben sich die Stücke nur in etwas unter dem Hammer ausgedehnt, so nimt er beym Schlagen 5 Bleche zugleich, die aber genau über einander liegen müssen. Dies nennt man eine **Ete**. Der Comtoir zeigt dem Latunschläger blos die Nummern des Latuns an, den er verfertigen soll, und er weiß schon aus der Erfahrung, wie oft und wie stark er jedes überschmieden muß. Insgemein werden auf dem Meßingwerke nachstehende Bleche verfertigt: 1) Das dünnste Blech nennt man Rollenblech. Es wird zu Platten auf den Köpfen der kleinen Nägel verbraucht. 2) Die zweyte Art heißt Klempner- und Beckenschlägerlatum, von Num. 1 bis 17. 2) Der Schlösserlatun ist noch stärker.

Man

Man bezeichnet dessen verschiedene Arten mit Buchstaben, von Num. A. bis N. und nennt sie Bleche. Bey diesen beyden Arten zeigt die höhere Nummer jederzeit ein feineres Blech an. 3) Trommelblech. Man verfertigt diese Bleche nach einer verschiedenen Stärke für die Infanterie, Dragoner und für die Garnisonregimenter. 4) Endlich schläget diese Hütte auch **Drathband**, woraus auf dem Drathzug Zaine zu dem Drath geschnitten werden. Dies Blech ist 16 bis 20 Fuß lang und ½ Fuß breit. Bey allen diesen Blechen ist zu bemerken, daß die dünnesten Bleche jederzeit die breitesten sind.

c) Das Beschneiden ist bey der Verfertigung des Latuns das letzte. Es geschieht aus freyer Hand mit einer Stockscheere.

In jeder Hütte arbeitet ein Meister mit **zwey** Gesellen oder Lehrburschen. Einige regieren das Blech unter dem Hammer, andre aber vertreten die Stelle der Handlanger.

Anm. 1) Einige Meßingwerke glätten den Lattun auch zwischen Walzen, auf eben die Art, wie man schon in dem Abschnitt des Kupferhammers erzehlet hat. Das Meßing muß aber hiebey zum öftern geglüet werden.

2) Der Abgang beym Glüen beträgt auf 50 Pfund ohngefehr 20 bis 25 Pfund.

III. Der Drathzug.

A. Die Hütte, worin sich der Drathzug befindet, hat folgende Abtheilungen: Gleich beym Eingange

gange ist ein Gang nach der Länge des Gebäudes, an dessen Ende zur Linken sich ein Heerd zum Glüen befindet. Hinter diesem Gange steht ein starker Verbund von Holz, mit Brettern oben bedeckt und höchstens 7 Fuß hoch. Im Grunde dieses Holzwerks liegen die Wellen, die den Drathzug und eine Scheere bewegen, wovon man aber nur beym Eintritt in die Hütte die innern Zapfen an den Stirnen entdeckt. Auf dem bretternen Boden dieses Verbundes, zu welchem eine Treppe führt, steht gleich zur Linken die schon erwehnte Scheere und hinter dieser in einiger Entfernung die 6 Ziehbanken in zwey Reihen, daß drey und drey hinter einander stehen. Alle diese Stücke wird die Folge dieser Abtheilung ins Licht setzen.

a) Die **Scheere** Fig. XIV. in dem Drathzuge ist von der oben beschriebenen in der Brennhütte blos in Absicht des Mechanismus verschieden, der also nur darf hinzugefügt werden. Dies einzige ist bey ihr zu bemerken, daß auf dem befestigten Schenkel ein **Splint** oder Hacken mit einem Bolzen befestigt ist, der dem Arbeiter auf der Meßingtafel vorzeichnet, wie er das Blech zwischen den Schneiden der Scheere regieren soll. Diese Scheere zerschneidet nemlich die oben gedachten Drathbänder zu **Zainen** oder Zähnen, worunter man sich schmale Streifen von Meßing vorstellen muß, die die Ziehbanke in Drath verwandelt. Das Wasser bewegt die Scheere auf folgende Art: Der lange Arm ihres beweglichen Schenkels trägt eine eiserne Stange 2. an einem Gelenke 3. und die Stange hängt auf eben die Art mit einem starken hölzernen Hebel 4. zusammen. Der Hebel bewegt sich auf einem Bolzen 5. in einem Balken des hölzernen Verbundes und sein langer Arm reicht bis zu einer Welle 6. mit einem einzigen Zieharm. Bey der Bewegung der Welle stößt dieser Zieharm den Hebel zurück und nöthigt die Scheere, sich zu öfnen. Allein es ist noch eine zweyte Kraft erforderlich, damit die Scheere schneide, und dies bewirkt eine Prellstange 7. Sie ist über der Welle an den Säulen des Holzwerks 9. befestigt. In der Zeichnung kann man aber blos das vordere Ende dieser Stange entdecken, weil sich die Scheere nur in einem Durchschnittsriße zeichnen ließ. Ein Riem 8. vereinigt den Hebel 4. und die Prellstange. Der Augenschein lehrt, daß die Prellstange den Hebel wieder zurückzieht, wenn ihn der Zieharm nach der entgegengesetzten Richtung gedruckt hat, und daß alsdenn die Scheere schneidet. Zu dieser, und zu allen übrigen Prellstangen beym Drathzug, muß man ein elastisches und zugleich zähes Holz nehmen, wozu sich das birkene am besten schickt.

b) Die **Glüe** des Drathzugs gleicht einem gewöhnlichen Kamin auf dem Fußboden. In der Mitte des Heerds steht an der Brandmauer ein viereckigtes Mauerwerk, etwa 1 Fuß dick und breit und 2 Fuß hoch. Hierauf wird beym Glüen das Drath gelegt und um das Mauerwerk stellt man lange Stücken Holz und steckt es an.

c) Alle

c) Alle 6 **Ziehbanken** auf diesem Drathzuge haben einerley Theile und Bewegung und es ist also nur nöthig, eine zu beschreiben. Die XV. Fig. ist eine körperliche Zeichnung einer solchen Ziehbanke und durch die nachstehenden Zahlen wird man ihre Theile finden. Es ist schon im vorhergehenden gesagt, daß im Grunde des hölzernen Verbundes eine Welle 1. ruht. Sie hat 5. Kränze, jeder von 4 **Kämmen.** Diese stossen einen Hebel 2. zurück, der auf einem Bolzen in den Balken des Verbundes steckt und über dem letzten nur 1 $\frac{1}{2}$ Fuß hervorragt. Neben dem Bolzen sitzt an dem Hebel noch ein Arm 4. und es ist in dem bretternen Fußboden ein Einschnitt gemacht, damit er könne hinabgedruckt werden. An das Ende dieses Arms wird ein starker lederner Riem 5. angeknüpfet, der den Hebel mit einer Prellstange 6. vereinigt, die auf zwey Balken liegt, wovon aber nur, des Raums wegen, eine 7. in der Zeichnung angezeigt ist. Auf dem Balken, der in der Zeichnung ausgelassen ist, wird sie befestigt und über dem bezeichneten ruht sie blos auf untergelegten wollenen Tüchern, damit sie sich nicht durchscheure. Um das obere Ende des Hebels liegt ein eiserner Ring und dieser hält an einem Gelenke eine eiserne Stange 9. oder Anker und hiedurch setzt der Hebel die Scheere in Bewegung. Alle übrigen Theile, die nunmehro folgen, ruhen auf einem starken hölzernen Kloß 10. oder horizontalliegenden vierkantigen Holze, dessen Dicke und Breite

$1\frac{1}{2}$ Fuß, seine Länge aber 4 bis 5 Fuß beträgt. Er liegt auf den Balken des Verbundes. Diesen Kloß und alle zubehörigen Theile nennt man eine Ziehbanke. Ich eile zum Anker 9. zurück. Er hält zwey andre Eisen 11. die nach einem Cirkelbogen gekrümmt und nur zusammengeniedtet sind, damit sie sich einander nähern und entfernen können. An den äussern Enden dieser krummen Arme ist die Zange 14. durch kleine Bolzen oder Niedte 12. und 13. befestigt, allein sie sind abermals nur also vereinigt, daß sich die Zange und die gedachten Arme öfnen und zusammenziehen können. Die Griffe und Kneipen der Zange sind starke Eisen, wenigstens 1 Zoll dick und zusammen genommen $\frac{1}{2}$ Fuß lang. Die Griffe sind gerade, die Kneipen aber gekrümmt. Die letztern haben auf ihrer Krümmung eine Erhöhung, damit die Zange das Drath desto besser ergreifen könne. Das sogenannte Maul der Zange hat kleine scharfe Zähne. Die XVI. Fig. stellt diese Zange besonders vor und hier kann man auch die Erhöhung 20. auf den Kneipen bemerken. Die beyden Schenkel der Zange sind mit einer Schraube 14. auf einem Holze 15. angeschroben, das sich zwischen zwey Latten 16., vermittelst eines Schwalbenschwanzes, wie eine Schiebelade, hin und her schieben läßt. Vor diesem länglichten Schieber, der etwa acht Zoll lang ist, steht ein Zieheisen 17., das in ein Loch in dem Kloß 10. gesteckt und verkeilt wird, damit es unbeweglich feststehe. Die Zieheisen sind

sind blos von Stahl und man macht sie glüend, wenn man mit einem spitzigen Stift die Löcher, wodurch das Drath gezogen wird, von neuen bohren oder enger machen will. Diese Löcher sind gleichfals trichterartig, wie bey dem Golddrathzieher, und jedes Eisen hat auch mehrere von verschiedener Grösse. In einiger Entfernung von dem Zieheisen steht auf dem Kloß ein hölzerner Cylinder oder ein Rad 19. auf einem Zapfen, um welches der Drathzieher das Drath wickelt, wenn es schon etwas lang gezogen ist.

Es wird nunmehr nöthig seyn, den Mechanismus dieser Maschine kurz zusammen zu fassen. Der Zieharm der Welle 1. stößt den Hebel 2. zurück und da der obere Arm des Hebels sich alsdenn nach der entgegengesetzten Richtung bewegt, so zieht er durch den Anker 9. die Zange 14. und weil sie auf dem Schieber 15. befestigt ist, zugleich auch diesen zurück. Hiedurch ziehen sich die beyden krummen Arme 11. zusammen, im Gegentheil aber sind die Kneipen der Zange offen und lassen das Drath 18. los, das sie bisher gehalten und gezogen haben. In eben dem Augenblick erhebt die Preilstange 6. durch den Riem 5. den kurzen Arm 4. und stößt den obern Theil des Hebels 2. gegen die Zange. Dieser treibt den Anker 9. und zugleich die Zange mit dem Schieber bis an das Zieheisen 17. zurück. Die beyden krummen Arme 11. öfnen sich und die Kneipen der Zange 14. nähern sich einander. Die letzten schliessen völlig an einander, wenn sie das Zieheisen erreicht

 haben

haben und weil dieses dergestalt gestellet ist, daß das Loch des Zieheisens, worin das Drath steckt, vor dem Munde der Zange steht, so ergreift diese das Drath und zieht es zum Theil durch, wenn sie wieder durch den Hebel 2. zurückgezogen wird. Aus dieser Beschreibung erhellet, daß die Zange jedesmal das Drath nur um einige Zolle durchzieht, alsdenn absetzt und das Drath an einer andern Stelle vor dem Zieheisen ergreift, bis das ganze Drath durchgezogen ist.

B. Der Drathzieher hat hiebey nur folgendes zu beobachten: Er zerschneidet die Drathbänder mit der Scheere Fig. XIV. in **Zaine**, die nur einige Linien breit sind. Das obere Stift der Scheere zeichnet schon auf dem Bleche vor, und daher kann er ohne Mühe einem Zain durchgängig eine gleiche Breite geben. Diese schmalen Bleche werden nunmehro in der Glüe geglüet, damit sie ihre Sprödigkeit verlieren und biegsam werden. Man glüet mehrere Zaine zugleich, löscht sie in Unschlitt ab und feilt an jeden eine Spitze. Diese steckt der Drathzieher durch das Loch eines Zieheisens und läßt sie auf die oben beschriebene Art durchziehen. Es streift sich zwar ein kleiner Grad beym Durchziehen ab, allein das mehreste der Kanten giebt nach und bleibt ein Theil des Draths. Der Reibung wegen liegt vor dem Loche des Zieheisens, wo das Drath eingesteckt wird, etwas Unschlitt, damit sich das Drath beym Durchziehen über dasselbe wegbewege. Auf eben die Art verfährt der Drathzieher bey allen Zainen.

nen. Allein sie werden bey jedem Durchziehen hart, spröde und unbiegsam. Daher muß das Glüen vor jedem neuen Durchziehen wiederholet werden, und dies macht sie wieder geschmeidig. Der Drathzieher schmiert die Gelenke der Zange, und wo es sonst nöthig ist, zum öftern mit Baumöl, damit sich alles leicht bewege. Jede Ziehbank beobachtet ein Drathzieher und man zieht auf diesen Drathzuge Drath von Num. 1. bis 21.

IV. Der Scheibenzieher.

Diese Werkstätte verfeinert das grobe Drath des Drathzugs, das zu Nadeln, Claviersaiten und unächten Tressen soll verkauft werden. Schon der Name dieses Handwerkers zeiget an, daß der Drathzug, dessen er sich hiezu bedienet, nicht durch das Wasser, sondern durch die Hand eines Menschen bewegt wird. Er verdünnt das Drath auf einer Scheibe, die der dritten Ziehbank des Golddrathziehers völlig gleicht. (S. den zweyten Abschnitt der dritten Sammlung dieser Tabellen.) Der Scheibenzieher bedient sich auch der Zieheisen des Golddrathziehers und man läßt sie zu diesem Gebrauch aus Iserloh kommen. Nur dies einzige unterscheidet die Verrichtungen dieser beyden Profeßionisten, daß der Golddrathzieher, um die Reibung zu meiden, die edlen Metalle mit Wachs, der Scheibenzieher aber das Meßing mit Baumöl beschmieret.

Man überliefert ihm das Drath schon geglüet.

Anm. 1) Das stärkste Drath, welches auf dem Meßingwerke verfertigt wird, ist einen starken Daum dick, der dünnste gleicht den Haaren.

2) In dem 5. Theil des Schauplatzes der Künste und Handwerke wird eine Maschine zum feinen Drathziehen beschrieben, die durch das Wasser bewegt wird. Es ist aber leicht zu begreiffen, daß das feine Drath auf einer solchen Maschine leicht reiße.

V. Das Beitzen des Meßings.

Das Feuer überzieht beym Glüen das Meßing mit einer grauen Unreinigkeit und diese wird in der Beitzhütte weggeschaft. Beydes, der Latun und das Drath wird gebeitzt. 1) Den **Latun** kocht oder beitzt man in einem grossen Kessel so lange mit Theergalle, bis sich der gedachte Anstrich verliert und hiezu wird ohngefähr eine Zeit von einer halben Stunde erfodert. Der Kessel ist zwar eingemauert, allein er ragt um einen grossen Theil über der Mauer hervor und der Arbeiter steht auf dei Mauer, wenn er das Meßing beobachtet. Nach dem Beitzen scheuret man den Latun mit feinem Sand und Wasser. 2) Das Meßingdrath wird zwar auch erst mit **Theergalle** gebeitzt, allein nachher kocht man es noch in Wasser, worin **Weinstein** aufgelöset ist. Dies geschieht in kleinern Kesseln, die den Waschkesseln in der Küche ähnlich sind. Die Folge dieses Abschnitts wird sogleich zeigen, daß der Latun noch geschabt wird. Allein dies geschieht bey dem Drath nicht, daher

muß

muß es sorgfältig in der Beitze gereinigt werden.

Anm. Die Theergalle ist ein bräunliches Wasser, welches aus dem Theerofen vor dem Theere fließt.

VI. Das Schaben des Meßings.

Diejenigen, welche sich auch nur flüchtig in den Werkstätten der Meßingarbeiter umgesehen, werden bemerkt haben, daß das Meßingblech, so wie es der Profeßionist einkauft, auf einer Seite polirt ist. Diese Politur erhält dies Metall in der Schabewerkstätte und dies erleichtert den Handwerkern das Poliren.

A. Der Schaber bedient sich hiebey nur zwey **Werkzeuge:**

a) Der **Schabeblock** Fig. XVII. ist ein halber Cylinder 1. von weichem Holze mit 4 Füssen. Die vordern Füsse sind aber etwas kürzer als die hintern, daß also der Cylinder geneigt steht. Um das erhöhte Ende dieses halben Cylinders liegt ein eiserner Ring 2., womit der Schaber das Blech 3. vermittelst Keile 4. befestigt.

b) Das **Schabemesser** ist den grossen Schneidemessern der Stellmacher völlig ähnlich, ausser daß es etwas weniges gebogen ist. Fig. XVIII.

B. Die **Handgriffe** dieses Profeßionisten beruhen blos auf einer Leichtigkeit der Hand, die er nur durch eine lange Uebung erhält, daß er nemlich mit einem geschickten Zuge die obere Rinde des

Meßings abziehet, ohne das Metall zu beschädigen. Er steht bey der Arbeit an der erhöhten Seite des Schabeblocks, hält das Schabemesser mit beyden Händen und fährt beständig mit demselben auf dem Meßing hinab. Der Unerfahrne hält diese Arbeit für etwas geringes, und gleichwohl würde ihm ein Versuch mißlingen.

VII. Die Kesselschlägerhütte.

A. Die Maschinen und Werkzeuge dieser Hütte bedürfen keiner weitläuftigen Beschreibung, denn in der Hauptsache stimmen sie mit denen in der Latunhütte überein. Blos nachstehende Abänderungen sind zu bemerken:

a) Die **Glüe** gleicht völlig der X. Figur, nur mit dem Unterschied, daß auf den horizontalen eisernen Stäben 4. noch andre übers Kreuz, oder nach der Länge liegen.

b) Das **Hammerwerk** geht blos durch die Hammer von dem Hammerwerke in der Latunhütte ab. Es bewegen sich nemlich in diesen Hütten vier verschiedene Hammer, ein **Scharffhammer**, **Breithammer**, **Tieffhammer** Fig. IX. 13. und ein **Schierhammer** 14. Der Tieffhammer, den Fig. XII. 2. besonders von vorne vorstellt, ist schon aus dem vorigen Abschnitt bekannt. Er ist hier nur kleiner und leichter. Der Schierhammer, den man gleichfals auf der Kupfertafel Fig. XII. 3. besonders sieht, wiegt

wiegt 15 Pfund und hat eine ebene verstählte Bahn. Sein Zweck ist, die Beulen aus den verfertigten meßingenen Schalen zu schlagen. Daher weicht auch die Gestalt seines Ambosses, den man einen **Spitzamboß** nennt, von den übrigen völlig ab. Es ist eine runde und starke eiserne Stange XI. 15., die oben verstählt und nach einer Kugel abgerundet ist. Seine Höhe übertrift gleichfals die Höhe der übrigen Ambosse. Den Breithammer habe schon bey den Latunhütten beschrieben. In den Kesselschlägerhütten ist die Bahn dieses Hammers nur etwas abgeschliffen. Der Scharfhammer ist eine Art der Breithammer, er hat aber eine etwas schmalere und völlig cylindrische Bahn.

c) Eine **Stockscheere** wird hier gleichfals gebraucht.

B. Das **Schlagen** der meßingenen Kessel oder Schalen weicht nur wenig von dem Schmieden der Schalen auf dem Kupferhammer ab. Die Theile, worin die Brennhütte ihre Tafeln zerlegt, werden von neuen geglüet, zu Scheiben ausgezogen und beschnitten. Der Scharfhammer vergrössert das meßingene Schrot durch Schläge nach Parallellinien, wie bey dem Latun. Hiedurch müssen auf den viereckigten Meßingstücken nothwendig Reiffen und unebene Stellen entstehen. Daher glättet man es vor dem Auftieffen mit dem Breithammer. Die Scheiben werden von neuen auf der Glüe geglüet, bis sie rothwarm sind und sie müssen, wie

der

der Latun, auf der Glüe erkalten. Das weiche Holz ist hiezu am besten, weil es die lebhafteste Flamme giebt. Hierauf werden 5 Scheiben über einander gelegt, daß die gröste unten, die kleinste aber oben liegt. Die erste wird gleichfals umgekrempt und hält hiedurch die übrigen zusammen. Die Kesselschlägerhütte nennt die gröste Scheibe zwar auch den Aeussern und die kleinste den Schläger, das Ganze aber heißt hier eine **Kûlette**. Der Kesselschläger regiert die Kûlette, wie auf dem Kupferhammer, daß die Schläge des Tieffhammers eine Schneckenlinie vom Umkreise zum Mittelpunkt und wieder zurück zum Umkreise machen, bis die Schale tief genug ist. Nur dies unterscheidet das Kesselschlagen beyder Hammerwerke, daß das Meßing kalt geschlagen wird und daß der Kesselschläger daher sein Metall blos mit der Hand regieren kann. Die Ambosse sind niedrig und daher sitzt der Kesselschläger auf der Seite des Ambosses, mit dem Gesicht gegen die Thüre der Hütte gewandt und die Füsse stehen in einer Grube vor seinem Sitze. Eben diese Stellung nimt auch der Latunschläger bey der Arbeit. Es ist nur noch anzumerken, daß beym Schlagen kein Kessel verloren geht. Zuletzt wird der Kessel mit der Stockscheere beschnitten und mit dem Schierhammer geglättet. In jeder Hütte arbeitet ein Meister mit einigen Gesellen und Lehrburschen.

VIII. Der Kesselbereiter.

Die Kesselschlägerhütten überliefern dem Kesselbereiter blosse Schalen und diese erhalten unter der

Hand

Hand dieses Arbeiters erst die bekannte Gestalt der Kessel. Er bedient sich hiebey eben der Werkzeuge, die der Kupferschmid beym Schmieden der Kessel gebraucht und die der vorige Abschnitt schon beschrieben hat, Stock- und Liegeambosse, eiserner und hölzerner Hammer. Ausserdem ist in dieser Hütte noch eine Esse. Es ist daher nur folgendes zu bemerken: 1) Der Kesselbereiter glüet zwar die Kessel, allein sie müssen, aus der oft gedachten Ursache, vor dem Schlagen erkalten. Er schlägt aus Schalen mit hölzernen Hammern Kessel und polirt sie mit eisernen. 2) Die Schalen werden zum öftern unter dem grossen Hammer in den Kesselschläger-hütten beschädigt und diesen Fehler hilft man durch das Schlagloth ab. Der Kesselbereiter beschneidet das Loch, legt ein Stück Meßing darauf, das etwas grösser ist, als das Loch, und schärfet beydes an seinem Umfange ab. Endlich wird das Blech mit Schlagloth und Borax im Feuer aufgelöthet. Das flüßige Loth reibt man mit einem Ochsenhorn oder Ochsenfuß aus einander. 3) Die Kessel behalten zwar ihre graue Schwärze, die sich beym Glüen auf das Meßing setzt; allein die Gewohnheit hat es eingeführt, daß blos der innere Boden des Kessels auf einem Drehrade etwas abgedrehet wird. Ohnstreitig soll der Käufer hieraus erkennen, daß der graue Kessel von Meßing sey. Das Drehrad weicht auf keine Art von der Drehlade der Zinngiesser ab.

IX. Der Beckenschläger.

Dieser Handwerker gehört zwar nicht nothwendig zu einem Meßingwerke, es belohnt sich aber doch der Mühe, ihn kennen zu lernen, da man ihn in den Städten unserer Gegend nur selten findet. Man bemerkt

A. In seiner Werkstätte eben die Werkzeuge, deren sich der Kupferschmid und Klempner bedienen. Es würde also hier eine weitläuftige Beschreibung überflüßig seyn.

B. Er verfertigt aus Meßingblech Theemaschinen, Waschwannen, Töpfe, Zuckerdosen und alle übrigen Waaren, die der Klempner in seinem Laden zum Verkauf ausstellt. Einige dieser Handwerker beschäftigen sich blos mit der groben Arbeit, z. E. mit Verfertigung der Töpfe, andre aber machen feinere Waaren, z. E. Thee- und Koffeekannen. Es ist nur nöthig zu zeigen, in wie fern er von dem Klempner und Kupferschmid bey seiner Arbeit abgeht. 1) Aus dem vorigen ist begreiflich, daß diese Handwerker das Meßingblech zwar glüen müssen, aber es erst nach dem Erkalten schmieden können und dies unterscheidet ihn von dem Kupferschmid. 2) Vor dem Klempner hat er dies zum voraus, ohnerachtet diese Profeßionen sonst gröstentheils übereinstimmen, daß er ein weit stärkeres Blech zu seiner Arbeit wählt und daß er zwar gleichfals mit Zinn, aber auch mit Schlagloth löthen kann. Waaren, die beym Gebrauch ins Feuer gebracht werden, setzt er mit Schlagloth zusammen, z. E.

Koffee-

Koffeekannen. Wenn dies aber bey seiner Arbeit nicht zu besorgen ist, so bedient er sich auch des Schnelloths von Zinn, z. E. bey Zuckerdosen. Ueberdem verarbeitet er auch, ausser dem Meßing, das Rothmetall und den Domback, das auf diesen Meßingswerke verfertigt wird. 3) Waaren, die circelrund sind, z. B. Koffeekannen, giebt er auf einer Drehlade, die schon aus dem dritten Abschnitt bekannt ist, eine Politur. Eckigte und platte Stücke polirt er mit Schmirgel, Baumöl und Tripel, wie alle übrige Meßingarbeiten.

Anm. Das ansehnliche Waarenlager des Meßingwerks, worin die verfertigte Arbeiten der Latunhütten, der Kesselbereiter und Beckenschläger liegen, brauche ich nur zu nennen, wie auch die Magazine, worin man Kolen, Kupfer, Galmey und Eisen aufbehält.

Nachrichten:

Das Meßingswerk bey dem Dorfe Hegermühle ohnweit Neustadt Eberswalde, welches 1694. angelegt ist, gehört ohnstreitig zu den wichtigsten Werken dieser Art. Es ist zwar ein Eigenthum des Königs, allein der berühmte berlinische Banquier Splitgerber, und nach dessen Tode seine Erben, haben es, mit dem Kupferhammer, schon viele Jahre als Oberpächter besessen. Die Aufsicht und die übrigen Besorgungen hat man einem Comtoir auf dem Meßingswerke anvertrauet.

Die mehresten Handwerker kamen bey der Gründung dieses Werks aus Hollstein, einige aber auch aus Sachsen. Alle Gewerke stehen unter den Buchhaltern

haltern des Comtoirs und sie sind zwar unter einander zünftig, allein die Handwerker in den Städten mögten vielleicht viel dagegen einzuwenden haben. 1) Der Meßingbrenner bringt seine Geschicklichkeit blos seinen Söhnen bey, und daher sieht sich das Meßingswerk oft genöthigt, wenn es an Meistern fehlt, solche von andern Werken zu verschreiben. 2) Alle übrigen Handwerker lernen 4 bis 5 Jahre, den Schaber ausgenommen, der in 3 Jahren seine Lehrjahre aussteht. Es hängt aber auch von dem Gutbefinden der Herren des Comtoirs ab, ob ein Lehrbursche das gewöhnliche Lohn eines Gesellen eher und ob ein Geselle das Meisterrecht erhalten soll. 3) Der Beckenschläger gehört zu den gewöhnlichen zünftigen Handwerkern. Es haben sich in unserer Gegend nur zu Stettin, Neustadt Eberswalde und auf diesem Meßingswerke einige Beckenschläger niedergelassen und ihrer geringen Anzahl wegen machen sie in den preußischen Provinzen noch kein besonderes Gewerk aus. Sie schicken daher beym Ein- und Ausschreiben der Lehrbursche, die 5 Jahr lernen, oder bey Erwerbung des Meisterrechts blos ihren Beytrag zu den Gewerken in Hamburg oder Lübeck.

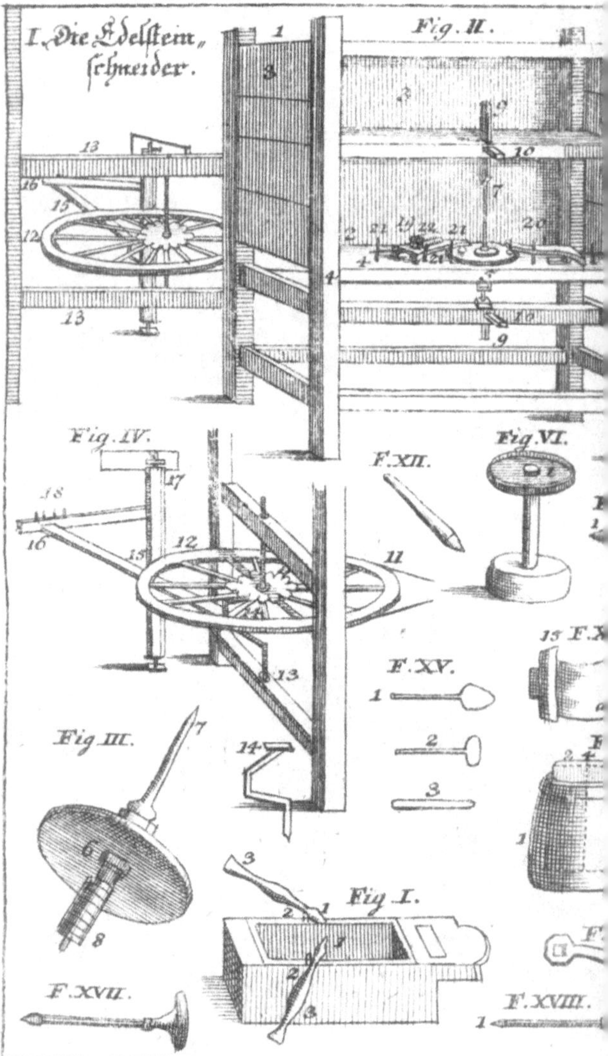
I. Die Edelstein„
schneider.
Fig. II.
Fig. IV.
F. XII.
Fig. VI.
F. XV.
Fig. III.
Fig. I.
F. XVII.
F. XVIII.

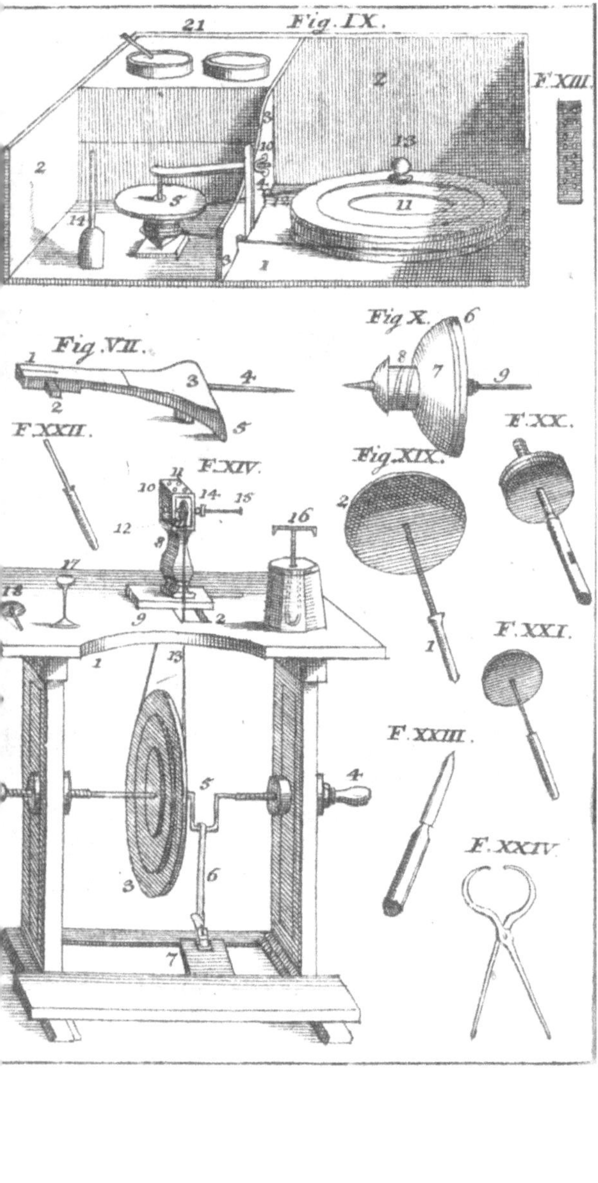
Fig. IX.
F. XIII.
Fig. X.
Fig. VII.
F. XXII.
F. XIV.
Fig. XIX.
F. XX.
F. XXI.
F. XXIII.
F. XXIV.

II. Die Bleyfabrik

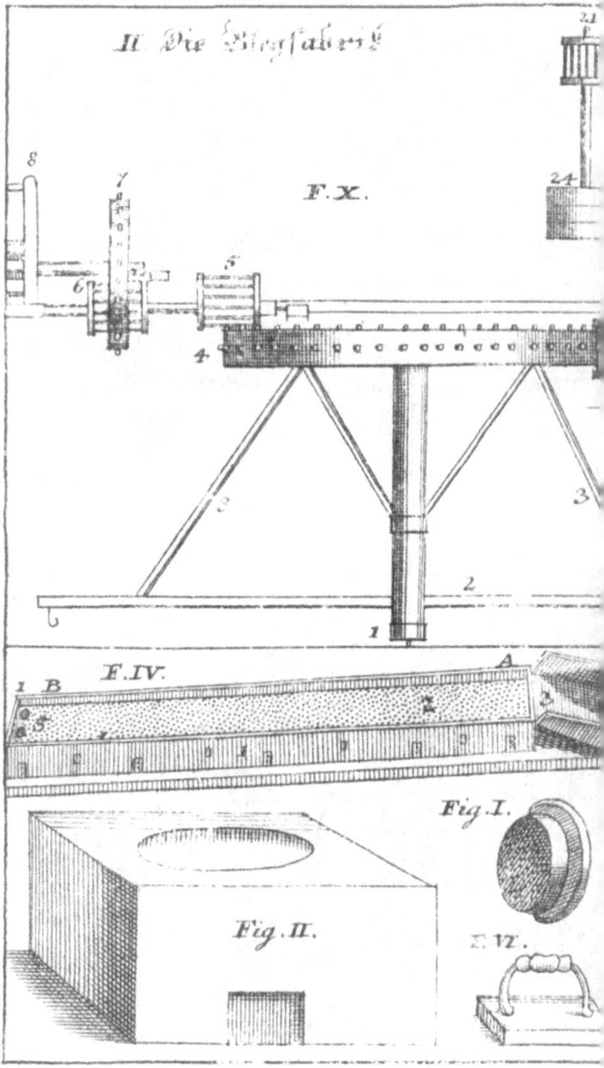

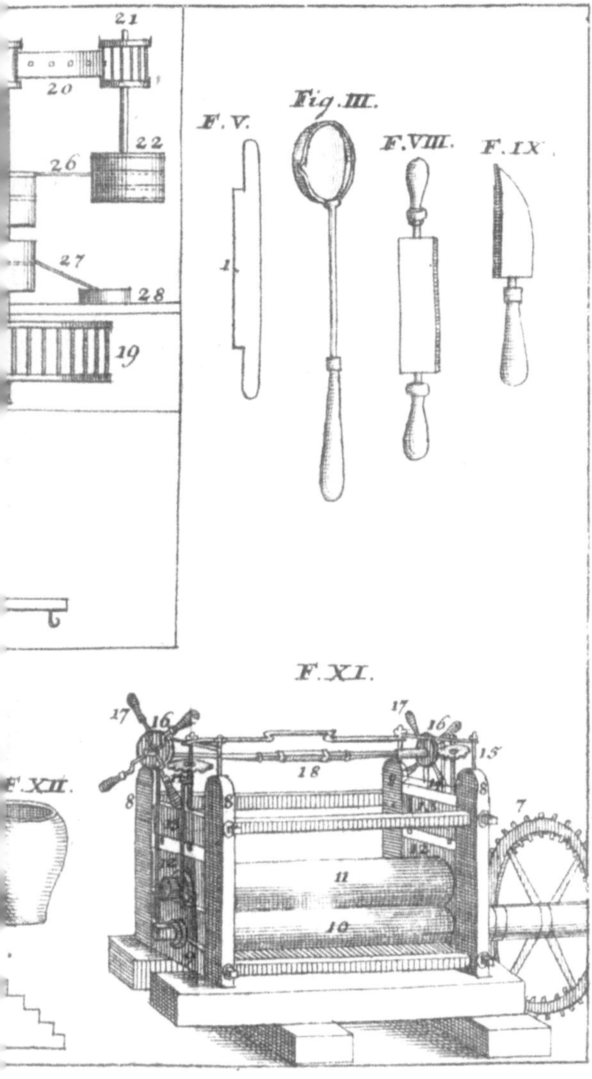
Fig. III.
F. V.
F. VIII.
F. IX.
F. XI.
F. XII.
1
7
8
10
11
15
16
17
18
19
20
21
22
26
27
28

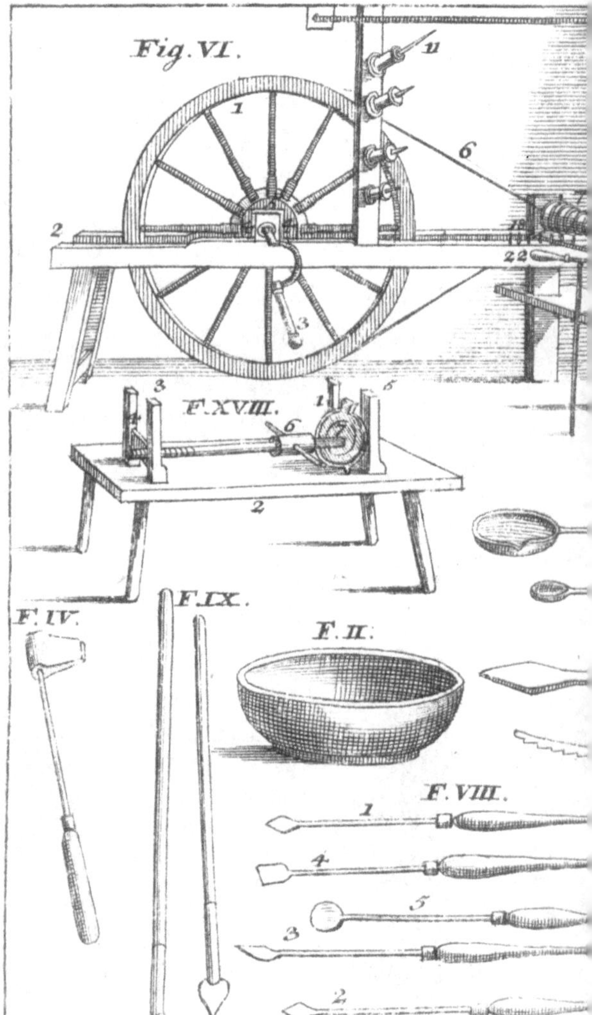

Fig. VI.
F. XVIII.
F. IV.
F. IX.
F. II.
F. VIII.

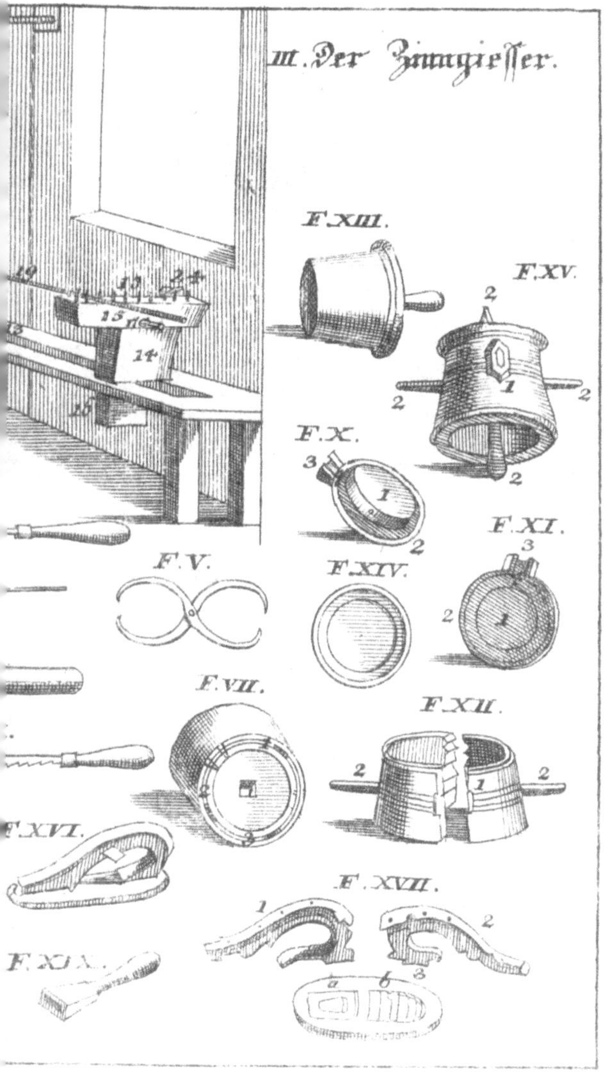
III. Der Zinngiesser.
F. XIII.
F. XV.
F. X.
F. XI.
F. V.
F. XIV.
F. VII.
F. XII.
F. XVI.
F. XVII.

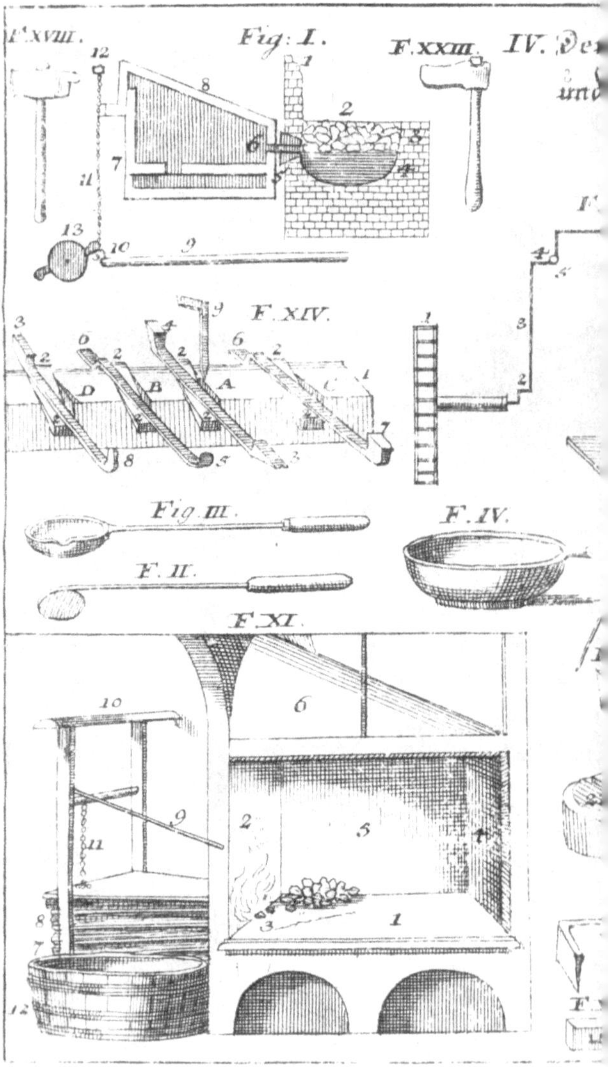
F. XVIII.
Fig: I.
F. XXIII.
IV.
F. XIV.
Fig. III.
F. IV.
F. II.
F. XI.

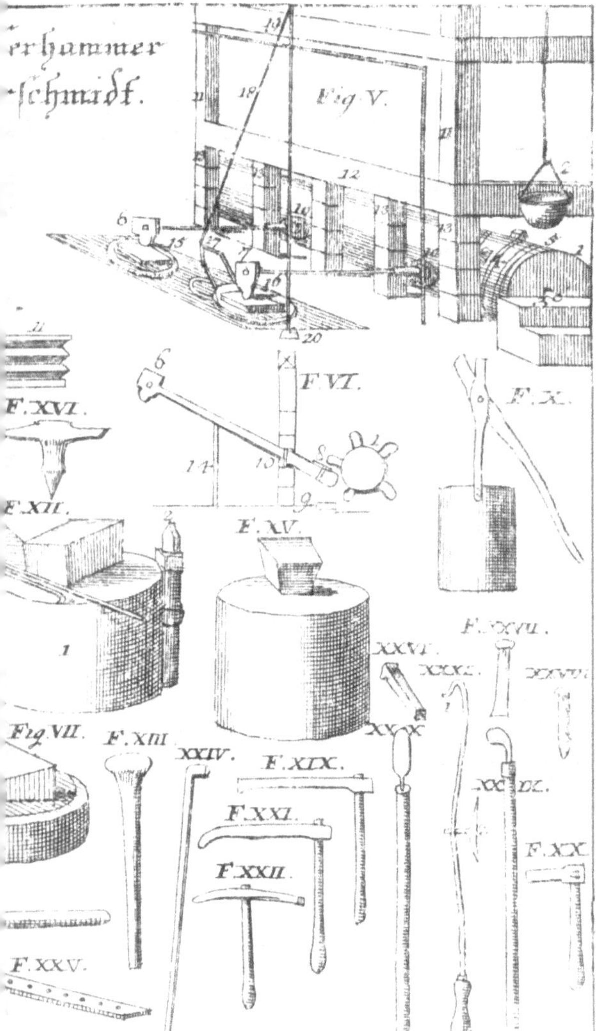

…erhammer
…schmidt.
Fig. V.
F. VI.
F. X.
F. XVI.
F. XII.
F. XV.
F. XXVII.
XXVI.
Fig. VII.
F. XIII
XXIV.
F. XIX.
F. XXI.
F. XXII.
F. XX.
F. XXV.

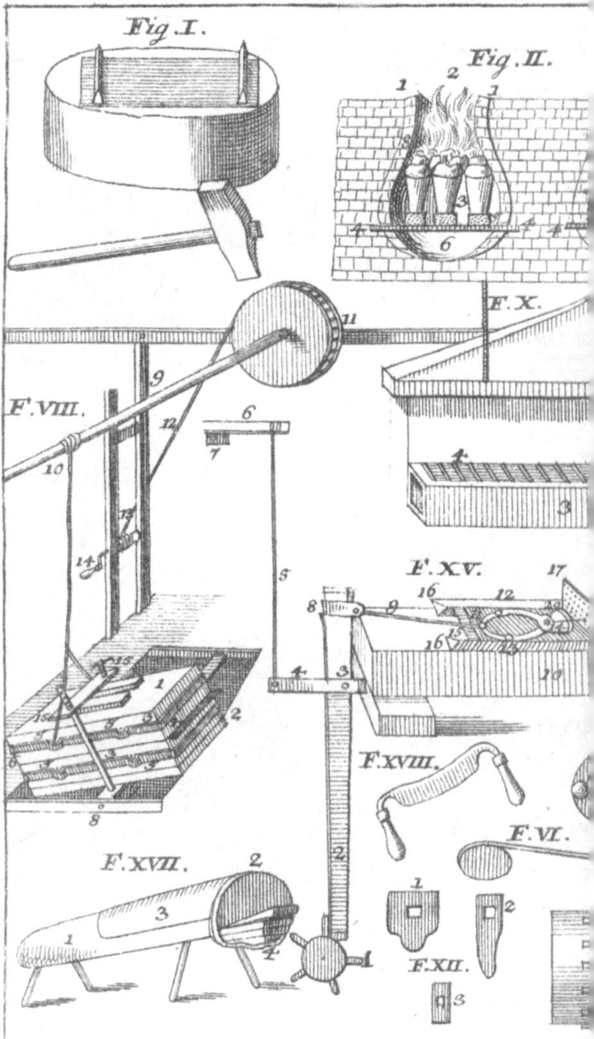
Fig. I.
Fig. II.
F. X.
F. VIII.
F. XV.
F. XVIII.
F. VI.
F. XVII.
F. XII.

V. Das Messingswerk.

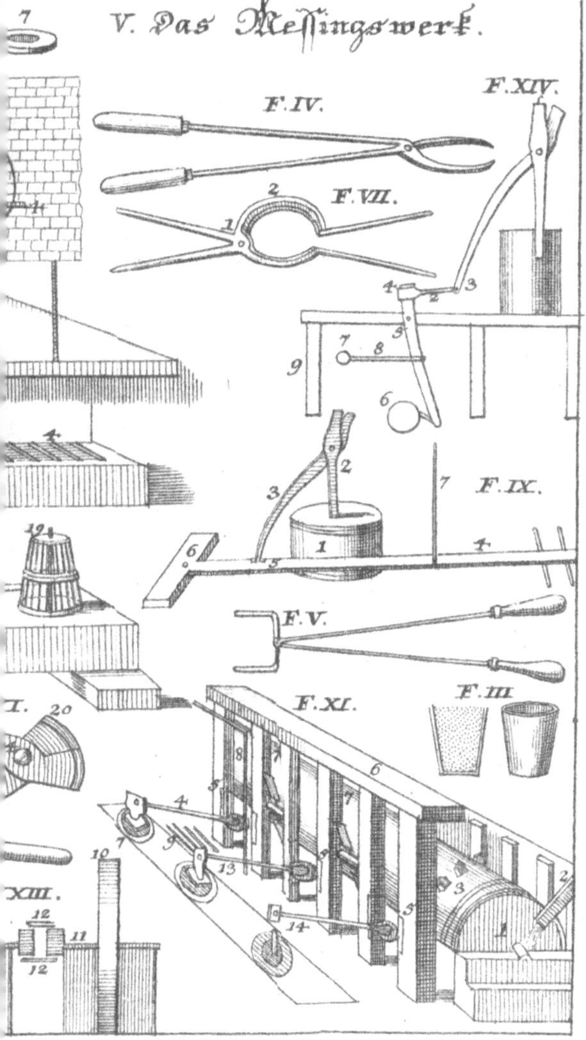

FSC
www.fsc.org
MIX
Papier | Fördert
gute Waldnutzung
FSC® C083411

Kolibri 360 GmbH
Ferdinand-Jühlke-Straße 7
99095 Erfurt, Deutschland
produktsicherheit@kolibri360.de